Excel VBA
プログラミングを基礎から学習するための本

五月女 仁子 著

ムイスリ出版

はじめに

　みなさんは、プログラムを作ってみたいと思ったことはありませんか？　思ったことはあっても非常に敷居が高いとあきらめてしまっていることはありませんか？　この本は、多くの人が使っている Microsoft Excel をもう少し、便利にしてみようというところからVBA（Visual Basic for Application）という言語を使ってプログラミングの基礎を学習します。

　どうやったらプログラミングが上達しますか？と聞かれますが、プログラミングの本を読んでいるだけではなかなかうまくなりません。プログラミングは自動車の運転と似ていると思います。自動車の運転は、いくら規則がわかり、操作がわかっても、実際に運転しなければ上達しません。これと同じです。ぜひ皆さん、実際にプログラムを入力し、実行して、エラーが出れば直す、これを積み重ねてみてください。必ず上達できると思います。

　また、プログラミングにはいろいろな言語があります。この本では VBA を学びますが、C や Python、Java などみなさんも耳にしたことがあると思います。人の話す言葉に日本語や英語や中国語などたくさんの言語があるのと同様です。人の話す言葉を何か国語もマスターすることは非常に大変ですが、プログラミング言語においては文法と呼ばれるプログラムの根幹ともいえるものはどの言語もほとんど変わりません。そのため、何かのプログラミング言語をしっかりマスターすれば、ほかの言語でも生かすことができます。

　VBA をマスターすることで、ぜひプログラミングに興味を持ち、ほかのプログラミング言語に挑戦してみたいと意欲を持っていただければうれしいです。

2020 年 1 月
五月女　仁子

目 次

1　マクロとは

1．マクロについて

（1）マクロとは

　マクロとは、特定のアプリケーション上で行う処理を自動化するプログラムのことです。マクロを使うと、アプリケーションをより便利にすることができます。

　マクロはアプリケーションごとに特化しているため、そのアプリケーション上でしか動きません。もし、他のアプリケーションで同じような処理を自動化するためにマクロを作成しようとすれば、そのアプリケーションのマクロで作成しなおさなければなりません。しかし、Microsoft の製品のマクロは、複数のアプリケーションでほとんど同じであるため、一度勉強すれば応用範囲はかなり広いです。

（2）Excel のマクロの機能と特徴

　マクロを使うと、次のようなことができます。

① 繰り返し行う決まった処理の自動化

　マクロを使うと毎日行うような決まった処理をボタン1つで実行できるようになります。日常の Excel 作業が楽になるだけでなく、操作ミスもなくなります。

② 独自の関数の作成

　Excel にはたくさんの関数が登録されています。しかし、「関数を組み合わせないと欲しい結果が得られない」というケースがよくあります。こうしたときには、マクロで作成した独自の関数が威力を発揮します。

③ 特定の操作を実行するプログラムの作成

　「ブックを開く」「シートを替える」「セルをダブルクリックする」などの特定の操作を自動的に実行するプログラムを作成することができます。

④ 独自のダイアログボックスの作成

　コマンドボタンやテキストボックスなどを配置して、自分独自のダイアログボックスを作ることができます。

⑤ 独自のアプリケーションの作成

　Excel を基盤にした独自のアプリケーションを作成することができます。

⑥ Windows の標準機能の利用

　Windows の内部では API（Application Programming Interface）と呼ばれるプログラムが実行されています。マクロに API を組み込むことによって、Windows の標準機能が利用でき、Excel をより便利に活用することができます。

2．VBA について
（1）VBA とは
　VBA は、Excel のマクロを作成するために開発された言語です。

　正式名称は「Visual Basic for Application」といい、Microsoft 社のプログラミング言語「Visual Basic」をアプリケーションのマクロ言語向けに改良したものです。

　Visual Basic は、1991 年に Microsoft 社が古くからプログラミング言語の学習用として広まった「BASIC 言語」を母体に、初心者でも Windows 用のプログラム開発ができるように発表した言語です。

　Visual Basic はユーザーインターフェイスを手軽に作成できること、覚えやすい事などから、あっというまに Windows のプログラミング言語として普及しました。

　当初は Excel だけにしか VBA は搭載されていませんでしたが、Office2000 からはすべての Office 製品に VBA が搭載されるようになりました。

（2）VBA の特徴
　VBA の特徴としては以下があげられます。
① オブジェクト指向
　オブジェクト指向とは、プログラムの操作対象をオブジェクトという「もの」として扱い、それに対する性格や特徴、処理を記述していくものです。

② イベント駆動型
　イベント駆動型とは、①で説明したオブジェクトに起こった出来事（イベント）に対して、これが起こったらプログラムが実行されるという形式です。VBA のプログラムは、オブジェクトに起こるイベントに対して記述し、そのイベントが起こったらプログラムが実行されるように作成します。

（3）オブジェクトとコレクション
① オブジェクト
　オブジェクトとは、セルやシートなどの操作対象をさします。Range オブジェクトはセルをさし、Worksheet オブジェクトはシートをさします。

③ コレクション

　コレクションとは、同じ種類のオブジェクトの集合をさします。このコレクションを使うことで、同じ種類のオブジェクトをまとめて利用することができます。Range コレクションは複数のセルや複数のセル範囲をさし、Worksheets セレクションは複数のワークシートをさします。

2 VBAの基礎知識

1．開発タブの表示

VBA を開発するために、開発タブを表示しましょう。

① [ファイル]タブから[オプション]を選びます。

② 表示される[Excel のオプション]ダイアログボックスの右側のメニューから[リボンのユーザー設定]を選択します。

③ 右側の[メインタブ]の[開発]にチェックを入れて[OK]ボタンをクリックします。

④ [開発]タブが表示されます。

2．マクロの記憶

　Excel には一連の操作を自動記録してくれる「マクロの記憶」という機能があります。これを使いプログラムを体験しましょう。

（1）マクロの記憶を使ってみよう

例題2-1

　　セル D3 に自分の氏名を入力しておいて、セルの色を緑色、D 列の幅を文字の幅に合わせるマクロを作ってみましょう。

＜操作＞

① セル D3 に氏名を入力しておきましょう。

② セル A1 をアクティブセルにしておきます（クリックしておきます）。

③ ［開発］タブから ［コード］グループの ［マクロの記憶］を選択します。

④ ［マクロの記録］ダイアログボックスが開くので、［マクロ名]に「例題 21」と入力して、[OK]ボタンをクリックします。ここからの操作が記憶されます。
　　ここで、マクロ名とは、プログラムの名前を指します。

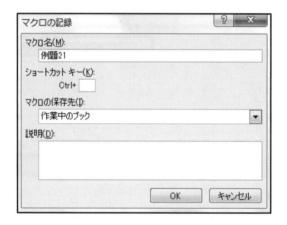

　なお、マクロ名にはマイナス「-」は使えません。「例題 2-1」のようにしたい場合は、アンダーバー「_ 」を使い、「例題 2_1」のようにします。

注意：[OK] を押したら操作ミスをしないように注意して下さい。ミスした場合はそれらの操作も記憶されてしまいます。

⑤ セルD3を選択して、セルの内部を緑色にします。

⑥ 続いて列Dと列Eの列名の間にカーソルを合わせてダブルクリックし、D列の幅を
文字幅に合わせます。

⑦ ⑤、⑥が終わったら、[コード] グループの[記録終了]ボタンをクリックします。

注意：[記録終了]ボタンを押し忘れないように注意しましょう。

（2）マクロを見てみよう

では、作ったマクロを見てみましょう。

例題2-2

例題2-1で作成したマクロを見てみましょう。

＜操作＞

① [開発] タブから [コード] グループの[Visual Basic]ボタンをクリックします。ま
たは Alt キー＋ F11 。

② P.8 の画面が表示されます。

（3）画面の説明

開かれた画面は VBE（Visual Basic Editor）といい、ここにプログラムを作成します。

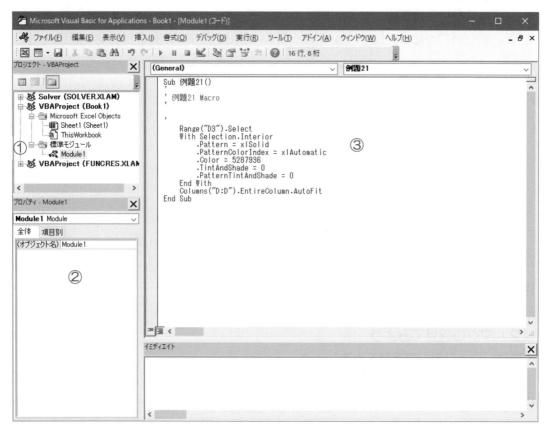

① プロジェクトエクスプローラーウィンドウ

VBA では、プログラムを構成する要素をプロジェクトとして管理します。プロジェクトエクスプローラーでは、プロジェクトが階層状に表示されます。

最初の状態では、1 枚のシート「Sheet1」と、「ThisWorkbook」が表示されています。シートを追加したり、ユーザーフォームを作成したり、標準モジュールを作成（Module1 は標準モジュールです）したりすると、その度にプロジェクトエクスプローラーウィンドウに要素が追加されます。

VBA でプログラムを入力されたものをプロシージャといいます。このプロシージャを管理する部分をモジュールと言います。モジュールには標準モジュールとユーザーフォームモジュール、クラスモジュールなどがあります。標準モジュールは特定のオブジェクトのみでなく複数のオブジェクトで使用できます。

② プロパティウィンドウ

プロパティウィンドウには、選択されているオブジェクトに関するプロパティ（性格のようなもの）が表示されます。ユーザーフォームを作成する場合に活用されます。

③ コードウィンドウ

プログラムを記述するウィンドウです。プログラムは対象となるプロジェクトごとまたは、共通部分ごとに記述していきます。これから皆さんは、この部分にプログラムを作成していくことになります。

注意：標準モジュールの下階層に Module2 や Module3 が表示され、その中にマクロの記録が作られてしまうことがありますが、実行に支障はありません。

（4）Excel の画面に戻るには

Excel の画面に戻るには次の方法を使います。メニューバー［ファイル］から［終了して Microsoft Excel に戻る］を選択します。または、ツールバー［表示 Microsoft Excel］ボタンをクリックします。

（5）記録マクロの意味

例題 2-1 で作成した記録マクロの意味を考えてみましょう。

```
Sub 例題21()
'
'  例題21 Macro
'
'
    Range("D3").Select
    With Selection.Interior
        .Pattern = xlSolid
        .PatternColorIndex = xlAutomatic
        .Color = 5287936
        .TintAndShade = 0
        .PatternTintAndShade = 0
    End With
    Columns("D:D").EntireColumn.AutoFit
End Sub
```

このマクロは、Sub から End Sub で一つの構成になっています。この一組をプロシージャといいます。マクロは、このプロシージャ単位で作られていて、この中を上から下に順番に実行されます。

構文

    Sub　マクロ名（　）

    ・・・・・・・・・・

    End　Sub

    意味・・・プログラムの単位です。

① Sub　例題21()

ここからプログラムが始まります。

② ’から始まる行

　これはコメント行です。プログラムが実行されてもこの行はとばされます。プログラム制作日やプログラム制作者名、どのようなプログラムなのか等を記述します。

③ Range("C2")　　.　　Select

    セルC2　　を　選択します

構文

    Range("セル番地")

    意味・・・セルをあらわします。

④ With　から　End With

```
With Selection.Interior
    .Pattern = xlSolid
    .PatternColorIndex = xlAutomatic
    .Color = 5287936
    .TintAndShade = 0
    .PatternTintAndShade = 0
End With
```

これは本来

```
Selection.Interior.Pattern = xlSolid
Selection.Interior.PatternColorIndex = xlAutomatic
Selection.Interior.Color = 5287936
Selection.Interior.TintAndShade = 0
Selection.Interior.PatternTintAndShade = 0
```

となります。この上のプログラムは、「Selection.Interior」部分が共通なので With ～ End With で 1 つにまとめて簡潔に見やすくしています。

⑤ Selection . Interior . Pattern = xlSolid
選択されているセル の 内部 の パターン形式 を 塗りつぶしてね

⑥ Selection . Interior . PatternColorIndex = xlAutomatic
選択されているセル の 内部 の パターン形式の色 を 自動設定してね

⑦ Selection . Interior . Color = 5287936
選択されているセル の 内部 の 色 を 5287936 にしてね

⑧ Selection . Interior . TintAndShade = 0
選択されているセル の 内部 の 色の明暗 を 0 にしてね

⑨ Selection . Interior . PatternTintAndShade = 0
選択されているセル の 内部 の パターンの色の明暗 を 0 にしてね

⑩ Columns("D:D") . EntireColumn . AutoFit
D 列 の 列全体 を 自動調整してね

⑪ End Sub
「プログラムの終了」を意味します。

（6）マクロの保存

例題2-3

例題 2-1 で作成したマクロを保存しましょう。

出来上がったマクロは、通常の Excel シートの保存とともに保存されます。

＜操作＞

① Excel シートの［ファイル］タブから［名前を付けて保存］を選択します。
② ［名前を付けて保存］ダイアログボックスが開くので、［ファイル名］を「例題 2-1」と入力して、［ファイルの種類］を「Excel マクロ有効ブック」に設定して、［保存］ボタンをクリックします。

（7）マクロの実行

例題2-4

例題 2-1 で作成したマクロを実行してみましょう。

＜操作＞

① 新しいシート(Sheet2)を追加してください。

② 新しいシートのセル D3 に住所(例：東京都八王子市)を入力しておきましょう。

③ [開発] タブから [コード] グループの [マクロ] ボタンをクリックします。

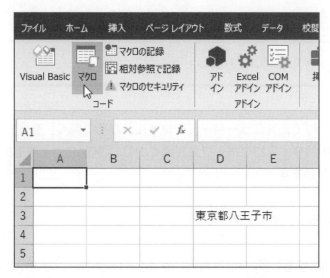

④ ［マクロ］ダイアログボックスが開くので、［マクロ名］「例題21」を選択して、［実行］
ボタンをクリックします。

⑤ プログラムが実行されます。

	A	B	C	D	
1					
2					
3				東京都八王子市	
4					

（8）ファイルの呼び出し
一旦閉じたファイルを開いてみましょう。

例題2-5

例題2-1のファイルを開いてみましょう。

＜操作＞

① Excelを立ち上げて、メニューバー［ファイル］から［開く］を選択します。

② ［ファイルを開く］ダイアログボックスが開くので、「例題2-1」を選択して、［開く］
　 ボタンクリックします。

　 または、該当するファイルをダブルクリックします。

③ ［マクロを無効にする］［マクロを有効にする］のメッセージが表示されたら、［マク
　 ロを有効にする］をクリックします。

（9）マクロの削除

マクロを削除したい場合、次のような手順で削除ができます。

＜操作＞

① ［開発］タブから［コード］グループの［マクロ］ボタンをクリックします。

② ［マクロ］ダイアログボックスが開くので、削除したいマクロを選択します。

③ ［削除］ボタンをクリックします。

（10）マクロの記述方法

プロシージャ内のマクロは、基本的には下記の2つの書式で作成します。

　 書式1　：　オブジェクト. メソッド

　 書式2　：　オブジェクト. プロパティ　＝　値

　 書式1のメソッドには「＝」がつかず、書式2には「＝」がつきます。

意味は

　 オブジェクト　　.　　メソッド

　 オブジェクト　　を　　メソッドにしてね

　 オブジェクト　　.　　プロパティ　　＝　　値

　 オブジェクト　　の　　プロパティ　　を　値にしてね

のようになります。

構文

オブジェクト. メソッド

オブジェクト. プロパティ ＝ 値

3. マクロを修正してみよう

例題2-6

例題2-1のマクロを必要な部分だけ残してプログラムを修正しましょう。

＜操作＞

① 必要な部分のみを残すと次のようになります。

```
Sub 例題21()
    Range("D3").Select
    Selection.Interior.Color = 5287936
    Columns("D:D").EntireColumn.AutoFit
End Sub
```

② 修正したら、マクロを実行しましょう。

（1）エラーメッセージが出たら

実行したときに、エラーメッセージが出た場合、プログラムを修正する必要があります。

（2）エラーメッセージに、[デバッグ]ボタンが表示された場合

① [デバッグ]ボタンをクリックすると、デバッグの箇所が表示されるので、その箇所ま
たはその箇所と関係のある箇所を修正します。
② ツールバー[継続]ボタンでプログラムを継続します。

（3）[デバッグ]ボタンが表示されない場合

① ちょっと大変ですが、プログラムをリセットして、もう一度プログラムを見直します。

4．他の実行方法、中断、リセット

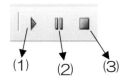

（1）他の実行方法

VBE の画面上でも実行が可能です。

メニューバー［実行］から［Sub／ユーザーフォームの実行］を選択するか、または、ツールバー［Sub／ユーザーフォームの実行］ボタン（(1)）をクリックします。

（2）中断

これはプログラムを一時的に止めます。

メニューバー［実行］から［中断］を選択するか、または、ツールバー［中断］ボタン（(2)）をクリックします。

（3）リセット

これはプログラムを強制的に終了させます。

メニューバー［実行］から［リセット］を選択するか、または、ツールバー［リセット］ボタン（(3)）をクリックします。

3 マクロを作ってみよう

1．マクロを作ってみよう
（1）マクロを作ってみよう

例題3-1

（ⅰ）セルB3に「東京都」、セルB4に「八王子市」を表示し、セルA1を選択した状態にするマクロを作成しましょう。

（ⅱ）アクティブセル（クリックされているセル）を黄色にして自分の名前を太字、青字で表示するマクロを作成しましょう。

＜（ⅰ）についての操作＞

① ［開発］タブから［コード］グループの［Visual Basic］ボタンをクリックします。

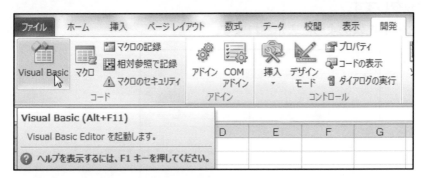

② 表示される画面で、［挿入］メニューから［標準モジュール］を選択します。

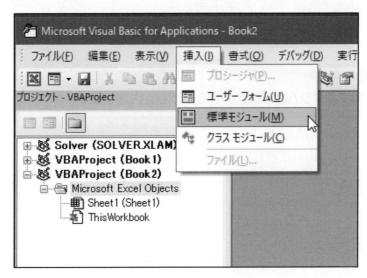

注意：ここで[プロジェクト]のSheet1をダブルクリックして、表示されるコードにプログラムを作成することもできますが、これはSheet1のみで実行されるプログラムになります。すべてのシートで実行可能なプログラムにするためには、[標準モジュール]にプログラムを作成することが必要です。

③ 表示されるコードウィンドウに次のプログラムを入力します。

```
Sub 例題311()
    Range("B3").Value = "東京都"
    Range("B4").Value = "八王子市"
    Range("A1").Select
End Sub
```

④ プログラムを実行します。プログラムの実行は、「Sub　例題311()～End　Sub」の中にカーソルを置いておいて、ツールバー[Sub/ユーザーフォームの実行]ボタンをクリックします。

⑤ Excelシートに次のように表示されます。

＜(ⅱ)についての操作＞

⑥ 例題311のプログラムの下に次のプログラムを入力します。

```
Sub 例題312()
    ActiveCell.Value = "自分の名前"
    Selection.Interior.ColorIndex = 6
    Selection.Font.Bold = True
    Selection.Font.ColorIndex = 5
End Sub
```

⑦ プログラムを実行します。実行方法は④と同様で、「Sub　例題312()〜End　Sub」のプログラムの中にカーソルを置いておいて、ツールバー[Sub/ユーザーフォームの実行]ボタンをクリックします。

⑧ Excel シートの選択したシートに次のように表示されます。

	A	B
1		
2		
3	自分の名前	
4		
5		

（2）（ⅰ）のプログラムの意味

① Range("B3")　.　Value　=　"東京都"
　　セルB3　　の　値　　を　「東京都」にしてね

② Range("B4")　.　Value　=　"八王子市"
　　セルB4　　の　値　　を　「八王子市」にしてね

> **構文**
>
> 　　オブジェクト.Value
>
> 　　**意味・・・オブジェクトの値。**

　もし、セルに数字を表示したい場合には、ダブルコーテーションはつきません。例えばセル B3 に「10」を表示して欲しいとすると、Range("B3").Value =10　となります。

③ Range("A1")　.　Select
　　セル A1　　を　選択してね（クリックしてね）

> **構文**
>
> 　　オブジェクト. Select
>
> 　　**意味・・・オブジェクトを選択してね。**

（3）（ⅱ）のプログラムの意味

① ActiveCell　　.　Value　=　"自分の名前"
　アクティブセル　の　値　　を　　自分の名前にしてね

> **構文**
>
> ActiveCell
>
> 意味・・・アクティブセル。

② Selection 　　　　．Interior ．ColorIndex ＝　6
選択されているセル　の　内部　の　色番号　を　6にしてね

> **構文**
>
> オブジェクト.Interior
>
> 意味・・・オブジェクトの内部。

> **構文**
>
> オブジェクト.ColorIndex
>
> 意味・・・オブジェクトの色番号。

③　Selection 　　　．Font 　　．Bold 　＝　True
選択されているセルの　フォント　の　太字　を　OKにしてね
　　　　Selection 　　　．Font 　　．ColorIndex ＝　5
選択されているセルの　フォント　の　色番号　を　5にしてね

参考
＜色番号＞

色番号	色	色番号	色	色番号	色
1	黒	6	黄色	35	薄い緑
2	白	7	マゼンダ	36	薄い黄色
3	赤	8	シアン	37	ペールブルー
4	明るい緑	9	茶色	38	ローズ
5	青	10	緑	46	オレンジ

（4）フォントの属性

　フォントの属性を変えるにはFontオブジェクトを使います。

> **構文**
>
> オブジェクト.Font.プロパティ = 値
>
> 意味・・・オブジェクトのフォントのプロパティを値に変更します。

　例えば「フォントの大きさを 16 ポイントにしたい」ならプロパティを「Size」、値を 16 とします。

参考

＜主なフォント属性プロパティー覧＞

プロパティ	意味と使い方
Name	"MS ゴシック"などのフォント名をダブルコーテーション(")でくくって指定します。
Size	フォントのサイズをポイントで指定します。
Bold	太字にしたいときは「True」、解除するときは「False」を指定します。
Italic	斜体にしたいときは「True」、解除するときは「False」を指定します。
Strikethrough	取り消し線をつけたいときは「True」、解除するときは「False」を指定します。
Subscript	下付き文字にしたいときは「True」、解除するときは「False」を指定します。
Superscript	上付き文字にしたいときは「True」、解除するときは「False」を指定します。
Shadow	影付きにしたいときは「True」、解除するときは「False」を指定します。
Underline	xlUnderlineStyleNone　下線なし xlUnderlineStyleSingle　直線 xlUnderlineStyleDouble　二重線
ColorIndex	文字の色を番号で指定します。

（5）プロシージャ名

　これはプロシージャの名前です。基本的にどのようにつけてもよいのですが、次の規則は守ってください。
① 使用できる文字は、アルファベット、数字、漢字、ひらがな、カタカナ、アンダーバーで、文字数は半角で 255 文字以内です。
② 数字とアンダーバーは先頭文字には使用できません。
③ 英字の小文字と大文字は、区別しません。
④ あらかじめ用法が決まった単語は使えません。

2．オブジェクトを使ってみよう

　オブジェクトとは、「もの」の意味で、マクロの対象となる部品をいいます。セルやシートもオブジェクトの一つです。

例題3-2

　ボタンを配置し、例題3-1(i)のプログラムをボタンをクリックすることによりプログラムを実行するようにしましょう。

＜操作＞

① 別のシートを開きます。

② ［開発］タブから［コントロール］グループの［挿入］ボタンをクリックして、表示される［ActiveX コントロール］から［コマンドボタン］を選択します。

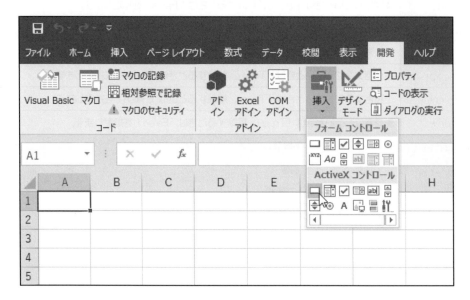

③ シート上でドラッグすると、ボタンが表示されます。

④ [開発]タブの[コントロール]グループの[デザインモード]ボタン(a)がクリックされ
ていることを確認して、[プロパティ]ボタン(b)をクリックします。表示される[プロ
パティ]が[CommandButton1](c)であることを確認して、[Caption]の右隣の
[CommandButton1]を「Push!」(d)と変更します。

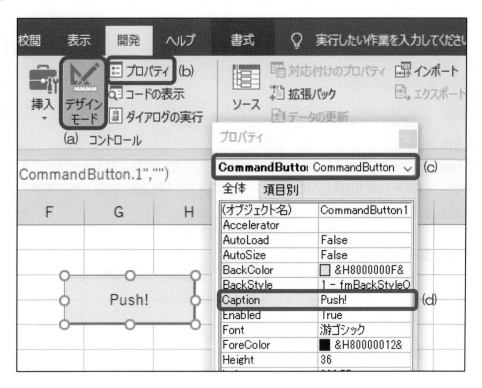

⑤ [プロパティ]の[×]をクリックして閉じます。

⑥ シート上の「Push！」ボタンをダブルクリックします。

⑦ 下のようなプロシージャが表示されます。

⑧ 次のように「例題311」と入力します。

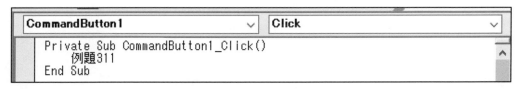

⑨ ④の(a)のデザインモードをクリックして、編集モードを解除します。すでに解除さ
れていたらそのまま⑩に進みます。

⑩「Push！」ボタンをクリックすると、CommandButton1_Click のプログラムが実行されます。

	A	B	C	D	E	F	G	H
1								
2								
3		東京都					Push!	
4		八王子市						
5								
6								
7								

（1）Private Sub

　「Private Sub」は同じモジュールの中からしか呼び出せないプロシージャです。すべてのモジュールから呼び出せるプロシージャとするには「Public Sub」とします。省略して「Sub」とすると Public とみなされます。

3．With ステートメント

　With ステートメントは、共通項目をまとめて、プログラムを整理します。

構文

```
    With  共通項目
        .プロパティ1 = 値1
        .プロパティ2 = 値2
        ・・・・
    End  With

    意味・・・共通項目をまとめてプログラムを見やすくします。
```

例題3-3

例題3-1(ⅱ)で作成したプログラムをWithステートメントでまとめてみましょう。

＜操作＞

① 例題3-1(ⅱ)のプログラムをコピーして、下に張り付けましょう。

② プロシージャ名を「例題331」と変更して、次のように修正します。

```
Sub 例題331()
    ActiveCell.Value = "自分の名前"
    With Selection
        .Interior.ColorIndex = 6
        .Font.Bold = True
        .Font.ColorIndex = 5
    End With
End Sub
```

③ 更に

```
Sub 例題332()
    ActiveCell.Value = "自分の名前"
    With Selection
        .Interior.ColorIndex = 6
        With .Font
            .Bold = True
            .ColorIndex = 5
        End With
    End With
End Sub
```

4　変数と定数

１．変数とは

　変数とは、数や文字列が入る「箱」のようなものと思ってください。プログラミングではこの箱を使って計算式を作ったり、表示をさせたりします。「Range("B3").Value+Range("C3").Value」や「100−20」というような計算式を作ることはあまりしません。変数という箱を用意してその中に数や文字列を入れておき、以後はその「箱」で計算式を作っていきます。

（１）変数の宣言
　変数を作るには、宣言をする必要があります。またどのような種類が入るのかという型も宣言します。

> **構文**
> 　　Dim　変数名　As　型
> 　　**意味・・・変数名という箱を型という種類が入るように用意します。**

① Dim　変数名
　「Dim」とは Dimension の略で、宣言です。「変数名を宣言します」という意味です。変数名は基本的にはどのようなものでもかまいませんが、次の規則は守ってください。

　　　　　(a)　使用できる文字は、アルファベット、数字、漢字、ひらがな、カタカナ、アンダーバーで、文字数は半角で 255 文字以内です。
　　　　　(b)　数字とアンダーバーは、先頭の文字にはできません。
　　　　　(c)　英字の大文字と小文字の区別はありません。
　　　　　(d)　あらかじめ用法が決まった単語は使えません。

② As　型
　「型」とは箱の大きさや箱に入れるものを指定します。「このような大きさでこのようなものを入れる箱として」という意味になります。変数の型には、次のようなものがあります。
　宣言をしないでも変数を使えます。しかし、この場合、変数は Variant 型とみなされ、16 バイトの大きさの箱を用意されるので注意が必要です。

＜変数の型＞

型	型名	サイズ（大きさ）と値の範囲
Integer	整数型	2 バイト　−32768〜32767
Long	長整数型	4 バイト　−2147483648〜2147483647
Single	単精度浮動小数点型	4 バイト　−3.402823E38 　　　　　　〜−1.401298E−45（負の値） 1.401298E−45 　　　　　　〜3.402823E38（正の値）
Double	倍精度浮動小数点型	8 バイト　−1.79769313486232E308 　　　　　〜−4.94065648441247E−324（負の場合） 4.94065645841247E−324 　　　　　〜1.79769313486232E308（正の場合）
Currency	通貨型	8 バイト　−922337203685477.5808 　　　　　　〜922337203685477.5807
String	文字列型	2 バイト　最大約 20 億文字まで
Byte	バイト型	1 バイト　0〜255
Bollean	ブール型	2 バイト　True または False
Date	日付型	8 バイト　西暦 100 年 1 月 1 日 　　　　　〜西暦 9999 年 12 月 31 日までの日付と時刻
Variant	バリアント型	16 バイト　すべてのデータ型

文字列型 String は文字数を限定したいとき、たとえば 10 文字としたい場合は「String*10」と型を宣言することができます。

```
Sub 例 41()
'整数型
    Dim a As Integer
    Dim b As Long
'実数型
    Dim c As Single
    Dim d As Double
'通貨型
    Dim e As Currency
'文字列型
    Dim f As String
    Dim g As String * 10
'バイト型
    Dim h As Byte
'ブール型
    Dim i As Boolean
'日付型
    Dim j As Date
'バリアント型
    Dim k As Variant
End Sub
```

参考 ＜変数の宣言を強制する＞

　変数の宣言が強制されるように
設定できます。

① VBA で[ツール]→[オプショ
　ン]

② ［オプション]ダイアログボッ
　クスが表示されるので、[編集]
　タブを選択します。

③ ［変数の宣言を強制する]にチ
　ェックをして、[OK]ボタンを
　クリックします。

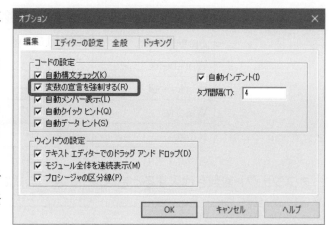

2．変数の代入

　変数の箱に値を入れることを代入するといいます。変数に値を代入するには、＝を、は
さんで左側に変数、右側に代入するものを記述します。

> **構文**
>
> 　　**変数 ＝ 値**
>
> 　　**意味・・・右の値を左の変数に代入します。**

> 例 42
>
> 　　Nedan = Range("C5").Value
>
> 　　Kosu = Range("D5").Value
>
> 　　Teika = 120

3．オブジェクト型変数

　オブジェクト型変数とは、オブジェクトの位置情報を変数という箱に入れたものです。
2．で説明したように、変数は箱の中に値そのものを入れますが、オブジェクト型変数は
少し違います。値そのものではなくオブジェクトの「位置」を情報として変数の箱の中に
入れます。例えば、オブジェクトが「椅子」だとすると、「その椅子が 1-604 号室にある」
という「位置」が書かれた紙が変数の箱の中に入るという形です。
オブジェクトの種類として Object と宣言しても使用できますが、Excel97 よりオブジェ
クトの種類により個別に指定が次のようにできるようになりました。

オブジェクト型	意味
Application	Excel の Application 自身
Workbook	ワークブック
Worksheet	ワークシート
Window	ウィンドウ
Range	範囲

オブジェクト変数を代入するときは以下のような式になります。

構文

　　Set　オブジェクト型変数　=　オブジェクト

　　意味・・・右のオブジェクトの位置を左の変数に入れます。

```
Sub 例43()
    Dim App As Application
    Dim Workb As Workbook
    Dim Works As Worksheet
    Dim Win As Window
    Dim Ran As Range
    ' 各Object変数に実体をセットする
    Set App = Excel.Application
    Set Workb = ThisWorkbook
    Set Works = ActiveSheet
    Set Win = ActiveWindow
    Set Ran = Range("A1:C1")
End Sub
```

4．変数の範囲

宣言された変数はどの範囲で有効なのでしょうか。

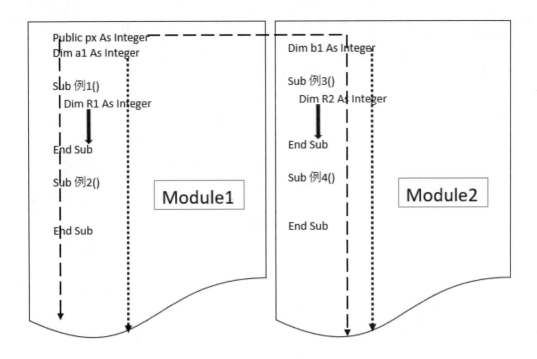

　変数 R1 や R2 のように Sub から End Sub の中で宣言すると、その範囲内でのみその宣言は有効です。他の Sub の中では全く別の変数となり、新しく宣言する必要があります。変数 a 1 や変数 b1 のように、Sub から End Sub の外、Module の上で Dim 宣言すると、その変数は「モジュールレベル変数」となり、その Module の中では共通な変数として使えます。プロシージャが終了しても値は保持されていて、ブックが閉じられたときになくなります。さらに、変数 px のように Module1 の上で Public 宣言するとどの Module にも共通に使える変数になります。つまり変数 px は Module1 と Module2 に共通に使えます。この変数もプロシージャが終了しても値は保持されていて、ブックが閉じられたときになくなります。

5. 定数とは
　変数はまさしく「変わる数」で、箱に入れられた値はころころ変わります。それに対して定数は「定まった数」で、数値や文字に別名を付けるようなもので変わりません。

構文
　　Const　定数名　As　型　=　値
　　意味・・・右の値を左の定数に設定します。

例 44()
    Dim Zei As Long
    Const Zeiritu As Single = 0.1

    Zei = 1000 * Zeiritu

5 計算式と演算子

1．計算式

　計算式は、普通「10+20=30」と左から右に考えます。しかし、プログラム上での計算式は、「x＝10+20」となり、イコール(=)の右側の計算をした結果を左の変数に代入します。

> **構文**
>
> 　　変数=計算式
>
> 　　意味・・・イコールの右側の計算結果をイコールの左側の変数に代入します。

2．演算子

　主な算術演算子は以下の通りです。

＜演算子＞

演算子	意味	使用例	使用結果
＋	加算	X＝9+3	Xは12になります
－	減算	X＝9−3	Xは6になります
＊	掛け算	X＝9＊3	Xは27になります
／	割り算	X＝9／3	Xは3になります
＾	べき乗	X＝10＾2	Xは100になります
¥	商	X＝9¥2	Xは4になります
Mod	余り	X＝9 Mod 2	Xは1になります

　次に文字連結演算子です。

＜文字連結演算子＞

演算子	使用例	使用結果
＋	X＝"台東区"＋"浅草"	Xは「台東区浅草」になります
＆	X＝"台東区"＆"浅草"	Xは「台東区浅草」になります

例題5-1

> 次の表から、金額を計算し、表示するプログラムを作成しましょう。

	A	B	C	D	E
1					
2	商品名	単価	個数	金額	
3	おにぎり(鮭)	120	3		
4					
5					
6					

意味	変数名	型
商品名	Hinmei	文字列型
単価	Tanka	長整数型
個数	Kosu	整数型
金額	Kingaku	長整数型

```
Sub 例題51()
'変数の型宣言
    Dim Hinmei As String
    Dim Tanka As Long
    Dim Kosu As Integer
    Dim Kingaku As Long
'代入
    Hinmei = Range("A3").Value
    Tanka = Range("B3").Value
    Kosu = Range("C3").Value
'計算
    Kingaku = Tanka * Kosu
'表示
    Range("D3").Value = Kingaku
    Range("A5").Value = Hinmei & "を" & Kingaku & "円お買い上げです。"
End Sub
```

実行結果

	A	B	C	D	E
1					
2	商品名	単価	個数	金額	
3	おにぎり(鮭)	120	3	360	
4					
5	おにぎり(鮭)を360円お買い上げです。				
6					

＜操作＞
① 表示された VBE の画面で、メニューバー［挿入］から［標準モジュール］を選択します。
② 表示されたコードウィンドウにプログラムを入力します。
③ プログラムを実行します。

（1）プログラムの意味
① Dim Hinmei As String
　　Hinmei を変数として宣言します。変数は文字列型です。

② Dim Tanka As Long
　　Tanka を変数として宣言します。変数は長整数型です。

③ Dim Kosu As Integer
　　Kosu を変数として宣言します。変数は整数型です。

④ Dim Kingaku As Long
　　Kingaku を変数として宣言します。変数は長整数型です。

⑤ Hinmei　＝　Range("A3").Value
　　セル A3 の値を Hinmei に代入してね。

⑥ Tanka　＝　Range("B3").Value
　　セル B3 の値を Tanka に代入してね。

⑦ Kosu　＝　Range("C3").Value
　　セル C3 の値を Kosu に代入してね。

⑧ Kingaku　＝　Tanka * Kosu
　　Tanka×Kosu の計算結果を Kingaku に代入してね。
　　　　　↓
　　ここでは、変数 Tanka と変数 Kosu の箱の中に入っている数を計算します。

⑨ Range("D3") . Value ＝ Kingaku
　Kingaku をセル D4 に代入してね。
　　　　　　↓
　ここでは、変数 Kingaku の箱の中に入っている数になります。

⑩ Range("A5").Value ＝ Hinmei & "を" & Kingaku & "円お買い上げです。"
　「Hinmei を Kingaku 円お買い上げです。」をセル A5 に代入してね。

　「&」は文字の連結です。変数 Hinmei と変数 Kingaku の箱の中に入っている文字と数を他の文字列と連結しています。この例題だと Hinmei には⑤でセル A3 が代入されているので「おにぎり(鮭)」、Kingaku には⑧で計算結果が入っているので「360」となります。すなわち「おにぎり(鮭)を 360 円お買い上げです。」という表示になります。

（2）長いプログラムの改行
　Range("A5").Value ＝ Hinmei & "を" & Kingaku & "円お買い上げです。"
のように長いプログラムの場合、途中で改行した方が見やすくなります。改行して 2 行に表示するためには、スペースを空けてアンダーバー（ ＿ ）を付けます。
Range("A5").Value ＝ Hinmei & "を" & ＿
　　　　　Kingaku & "円お買い上げです。"
すると、スペースとアンダーバーの次の行は上の行の続きとみなされます。

練習問題5-1

　身長と体重を入力して、標準体重と BMI を計算し、表示するプログラムを作成しましょう。変数は下記のように設定します。

　計算式は
　標準体重＝身長×身長×22
　BMI＝体重÷身長÷身長
です。

	A	B	C	D
1				
2		あなたの身長と体重を入力してください		
3				
4		身長＝		m
5				
6		体重＝		Kg
7				
8		結果		
9				
10	標準体重＝			Kg
11				
12		BMI＝		
13				
14				

意味	変数名	型
身長	Shin	単精度浮動小数点型
体重	Tai	単精度浮動小数点型
標準体重	Hyou	単精度浮動小数点型
BMI	Bmi	単精度浮動小数点型

例えば身長 1.65m、体重 60Kg だとすると、右下の図のような結果となります。

```
Sub 練習問題 51()
'変数の型宣言
    Dim Shin As [  ア  ]
    Dim Tai As  [  ア  ]
    Dim Hyou As  [  ア  ]
    Dim Bmi As [  ア  ]
'代入
    Shin = [  イ  ]
    Tai = [  ウ  ]
'計算
    Hyou = [  エ  ]
    Bmi = [  オ  ]
'表示
    Range("C10").Value = [  カ  ]
    Range("C12").Value = [  キ  ]
End Sub
```

実行結果

	A	B	C	D
1				
2		あなたの身長と体重を入力してください		
3				
4		身長=	1.65	m
5				
6		体重=	60	Kg
7				
8			結果	
9				
10		標準体重=	59.8949966	Kg
11				
12		BMI=	22.0385685	
13				
14				

6 セルの絶対参照と相対参照

1．セルの絶対参照

　セルの絶対参照とは、直接セルを指定して、選択する方式をいいます。

（1）Range オブジェクト

　今まで使ってきた Range は絶対参照です。

〈Range の使い方〉

Range オブジェクト	意味
Range("A3")	A3 セル
Range("A3:D3")	A3 セルから D3 セル
Range("A5:D5,C6:F6")	A5 セルから D5 セルと C6 セルから F6 セル
Range("3:3")	3 行目
Range("3:9")	3 行目から 9 行目
Range("C:C")	C 列
Range("C:E")	C 列から E 列

例1

Range("A2:D2").Value = 5

	A	B	C	D
1				
2	5	5	5	5

例2

Range("A2:C2,B3:D3").Value = 10

	A	B	C	D
1				
2	10	10	10	
3		10	10	10

例3

Range("3:4,B:C").Select

	A	B	C	D
1				
2				
3				
4				
5				
6				
7				
8				

（2）Cells プロパティ

Cells プロパティも絶対参照で直接セルを指定します。

構文

Cells(行番号,列番号)　または　Cells("行番号名","列番号名")

意味・・・セルを絶対参照で表します。

ここで列番号はＡが１、Ｂが２、Ｃが３・・・となります。

Cells プロパティの例を下に示します。

Range オブジェクト	Cells	意味
Range("A3")	Cells(3,1) または Cells("3","A")	A3 セル

Cells プロパティは行と列を変数で置き換えられる利点があります。

例題6-1

例題5-1 のプログラムを Cells プロパティで作成しましょう。

```
Sub 例題61()
'変数の型宣言
    Dim Hinmei As String
    Dim Tanka As Long
    Dim Kosu As Integer
    Dim Kingaku As Long
'代入
    Hinmei = Cells(3, 1).Value
    Tanka = Cells(3, 2).Value
    Kosu = Cells(3, 3).Value
'計算
    Kingaku = Tanka * Kosu
'表示
    Cells(3, 4).Value = Kingaku
    Cells(5, 1).Value = Hinmei & "を" & Kingaku & "円お買い上げです。"
End Sub
```

参考 ＜絶対参照の省略形＞

絶対参照は、Range オブジェクトで示してきましたが、省略形でも可能です。

構文

[範囲]

意味・・・絶対参照の省略形です。セル番地にダブルコーテーションはつけません。

省略形の例を次に示します。

Range オブジェクト	省略形
Range("A3")	[A3]
Range("A3：E3")	[A3：E3]
Range("A3", "E3")	[A3, E3]
Range("A3", "A5：E5")	[A3, A5：E5]
Range(3：3)	[3：3]
Range(3：9)	[3：9]
Range(C：C)	[C：C]
Range(C：E)	[C：E]

例4

例題5-1のプログラムを省略形を使って作成すると、下記のようになります。

```
Sub 例4()
'変数の型宣言
    Dim Hinmei As String
    Dim Tanka As Long
    Dim Kosu As Integer
    Dim Kingaku As Long
'代入
    Hinmei = [A3].Value
    Tanka = [B3].Value
    Kosu = [C3].Value
'計算
    Kingaku = Tanka * Kosu
'表示
    [D3].Value = Kingaku
    [A5].Value = Hinmei & "を" & Kingaku & "円お買い上げです。"
End Sub
```

2．セルの相対参照

基準となるセルから相対的にセルを指定する方法を相対参照といいます。

構文

オブジェクト名．Offset(行,列)

意味・・・基準となっているセルの相対的なセルを指定します。

基準となっているセルがセル C3（Range("C3").Select となっている）とします。

	A	B	C	D	E
1	(−2,−2)	(−2,−1)	(−2,0)	(−2,1)	(−2,2)
2	(−1,−2)	(−1,−1)	(−1,0)	(−1,1)	(−1,2)
3	(0,−2)	(0,−1)	基準	(0,1)	(0,2)
4	(1,−2)	(1,−1)	(1,0)	(1,1)	(1,2)
5	(2,−2)	(2,−1)	(2,0)	(2,1)	(2,2)

ここでセル B1 を指定する場合、 Selection.Offset(-2,-1) となります。

セル D5 を指定する場合、 Selection.Offset(2,1) となります。

例題6-2

例題 5-1 のプログラムで A3 セルを選択して、相対参照でプログラムを修正しましょう。

```
Sub 例題62()
'変数の型宣言
    Dim Hinmei As String
    Dim Tanka As Long
    Dim Kosu As Integer
    Dim Kingaku As Long
'A3 を選択
    Range("A3").Select
'代入
    Hinmei = Selection.Value
    Tanka = Selection.Offset(0, 1).Value
    Kosu = Selection.Offset(0, 2).Value
'計算
    Kingaku = Tanka * Kosu
'表示
    Selection.Offset(0, 3).Value = Kingaku
    Selection.Offset(2, 0).Value = Hinmei & "を" & Kingaku & "円お買い上げです。"
End Sub
```

練習問題6-1

練習問題 5-1 のプログラムでセル A2 を選択状態にし、代入と表示部分のセルを相対参照であらわすようにプログラムを修正しましょう。

```
Sub 練習問題61()
'変数の型宣言
    Dim Shin As Single
    Dim Tai As Single
    Dim Hyou As Single
    Dim Bmi As Single
'A2 セルを選択
    Range("A2").Select
'代入
    Shin = Selection.[  ア  ].Value
    Tai = Selection.[  イ  ].Value
'計算
    Hyou = Shin * Shin * 22
    Bmi = Tai / Shin / Shin
'表示
    Selection.[  ウ  ].Value = Hyou
    Selection.[  エ  ].Value = Bmi
End Sub
```

7　条件分岐

1．条件分岐

　条件分岐とは、条件に対してその条件が満たされる場合(真)と、満たされない場合(偽)で処理を分けるものです。右図は流れ図(フローチャート)といい、プログラムの流れを表すものです。

　この条件分岐を説明するために流れ図をよく使います。流れ図のうち、ひし形は「条件」、長方形は「処理」を表しています。条件が Yes(真)の場合は処理 1 を実行し、No(偽)の場合は処理 2 を実行します。

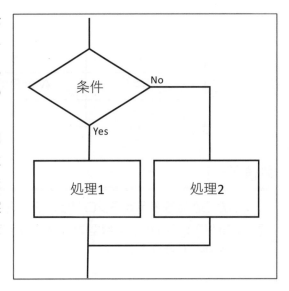

2．If ステートメント

　If ステートメントは、条件の真・偽で処理を分岐します。

構文

　　If　条件　Then

　　　処理 1

　　Else

　　　処理 2

　　End　If

　　意味・・・条件が真なら処理 1 を実行し、偽ならば処理 2 を実行します。

（1）条件の作り方

　条件を作るには比較演算子を使います。

<比較演算子>

比較演算子	使用例	意味
=	A＝B	AとBは等しい
＞	A＞B	AはBより大きい
＜	A＜B	AはBより小さい
＞＝	A＞＝B	AはB以上
＜＝	A＜＝B	AはB以下
＜＞	A◇B	AとBは等しくない

例題7-1

　点数から評価を表示するプログラムを作成しましょう。評価(変数名：Eva、文字列型)は点数(変数名:Ten、整数型)が70点以上なら「合格」と表示し、それ以外なら「不合格」と表示します。

```
Sub 例題71()
'変数の型宣言
    Dim Ten As Integer
    Dim Eva As String
'代入
    Ten = Range("B4").Value
'評価
    If Ten >= 70 Then
        Eva = "合格"
    Else
        Eva = "不合格"
    End If
'表示
    Range("B6").Value = Eva
End Sub
```

実行結果

（2）論理演算子

条件が複数ある場合で、条件の全てを満たす場合のみ真とする場合と、条件のいずれか
を満たせば真としてよい場合には論理演算子を使うと便利です。

＜論理演算子＞

論理演算子	使用例	意味
And	X ＞ 5 And X ＜ 10	X が 5 より大きくかつ 10 より小さい
Or	X ＞ 5 Or X ＜ 10	X は 5 より大きいかまたは 10 より小さい
Not	Not X ＝ 10	X は 10 でない

例 1

学年(変数：Gakunen、整数型)が 1 年生でかつ性別(変数：Seibetu)が女は、M201 教
室に集合

```
If Gakunen = 1 And Seibetu = "女" Then
        MsgBox "M201 教室集合"
End If
```

例 2

学年が 2 年生または 4 年生は、E101 教室に集合

```
If Gakunen = 2 Or Gakunen = 4 Then
        MsgBox "E101 教室集合"
End If
```

例 3

学年が 1 年生でないなら、L001 教室に集合

```
If Not Gakunen = 1 Then
        MsgBox "L001 教室集合"
End If
```

これは、

```
If Gakunen <> 1 Then
        MsgBox "L001 教室集合"
End If
```

と同じです。

例題7-2

　英語と数学の点数から評価を表示するプログラムを完成しましょう。評価（変数名：Eva、文字列型）は英語（変数名：Eng、整数型）が７０点以上でかつ数学（変数名：Math、整数型）が７０点以上の場合のみ「合格」と表示し、それ以外は「不合格」とします。

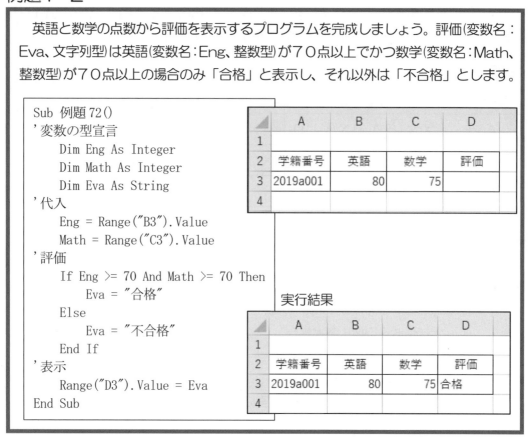

```
Sub 例題72()
' 変数の型宣言
    Dim Eng As Integer
    Dim Math As Integer
    Dim Eva As String
' 代入
    Eng = Range("B3").Value
    Math = Range("C3").Value
' 評価
    If Eng >= 70 And Math >= 70 Then
        Eva = "合格"
    Else
        Eva = "不合格"
    End If
' 表示
    Range("D3").Value = Eva
End Sub
```

	A	B	C	D
1				
2	学籍番号	英語	数学	評価
3	2019a001	80	75	
4				

実行結果

	A	B	C	D
1				
2	学籍番号	英語	数学	評価
3	2019a001	80	75	合格
4				

3. 複数の条件1

　実際の問題を扱う場合、条件は複数存在する場合が多いです。大学での成績を考えてみてください。「90 点以上は S、90 点未満 80 点以上は A、80 点未満 70 点以上は B、70 点未満 60 点以上は C、60 点未満は D」というように条件は複数存在します。このような条件の評価を考えましょう。

　次の流れ図を見てください。「条件 1」が真の場合は Yes に進み「処理 1」を実行して次に進みます。偽の場合は No の方へ進み次の条件である「条件 2」を判定します。「条件 2」が Yes なら「処理 2」を実行して次に進み、「条件 2」も偽の場合は No に進み「処理 3」を実行して次に進みます。

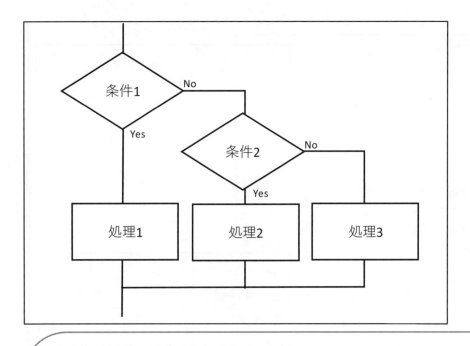

構文

```
If  条件 1  Then
    処理 1
ElseIf  条件 2  Then
    処理 2
Else
    処理 3
End  If
```

意味・・・条件 1 が真なら処理 1 を実行し、条件 1 は偽で条件 2 は真の
場合は処理 2 を実行して、条件 1 も条件 2 も偽の場合は、処理 3 を実行
します。

例題7-3

　点数(変数名：Ten、整数型)によって評価(変数名：Eva、文字列型)を表示するプロ
グラムを作成しましょう。評価は 80 点以上なら「A」、80 点未満 70 点以上なら
「B」、70 点未満なら「C」とします。

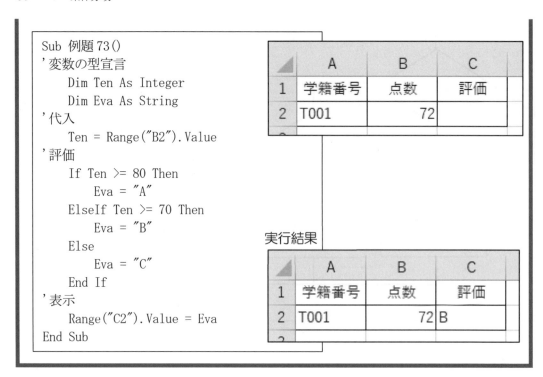

```
Sub 例題73()
'変数の型宣言
    Dim Ten As Integer
    Dim Eva As String
'代入
    Ten = Range("B2").Value
'評価
    If Ten >= 80 Then
        Eva = "A"
    ElseIf Ten >= 70 Then
        Eva = "B"
    Else
        Eva = "C"
    End If
'表示
    Range("C2").Value = Eva
End Sub
```

実行結果

流れ図は次のようになります。

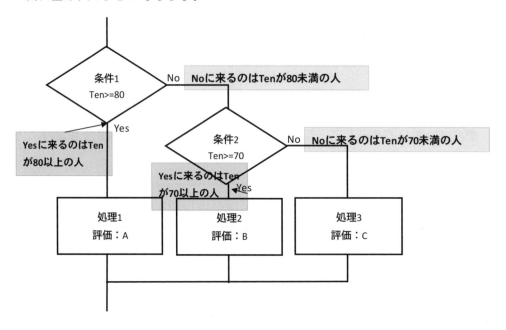

4．複数の条件２

　もう少し複雑な条件を考えましょう。例えば、「5回以上欠席した場合は履修放棄とみなします。」と言われた場合、欠席が5回未満と以上で分けて考える必要があります。欠席が5回未満の人はS、A、B、C、Dの評価を行われますが、5回以上の場合は成績の評価はされず、履修放棄と判定されます。

　この場合、Ifステートメントの構造の中に、またIfステートメントが入る構造をとります。これを入れ子構造といいます。

　条件1が真の場合はYesに進み、条件2や条件3から各処理が行われますが、条件1が偽の場合は、処理4を実行するのみです。

```
構文
    If 条件1 Then
        If 条件2 Then
          処理1
        ElseIf 条件3 Then
          処理2
        Else
          処理3
        EndIf
    Else
        処理4
    End If
    意味・・・条件1が真の場合は条件2、条件3の分岐を判断しますが、偽
    の場合は処理4を実行します。
```

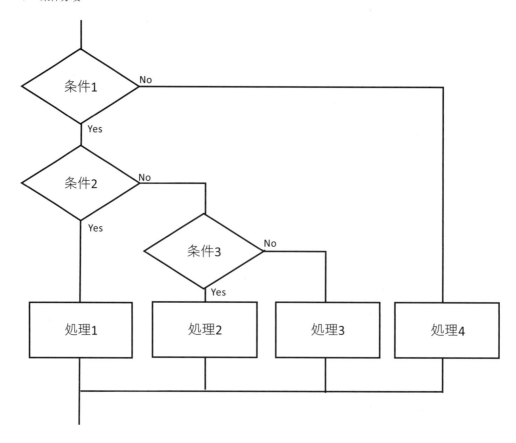

例題7-4

　欠席回数(変数名：Abt、整数型)と成績(変数名：Tes、整数型)から評価(変数名：Ava、文字列型)を判定するプログラムを作成しましょう。評価は下の表のとおりです。

欠席回数	成績	評価
5回未満	80以上	A
	80未満60以上	B
	60点未満	C
5回以上	成績に関係なく	D

	A	B	C	D
1	学籍番号	欠席回数	成績	評価
2	T001	3	75	
3				

```
Sub 例題74()
'変数の型宣言
    Dim Abt As Integer
    Dim Tes As Integer
    Dim Eva As String
'代入
    Abt = Range("B3").Value
    Tes = Range("C3").Value
'評価
    If Abt < 5 Then
        If Tes >= 80 Then
            Eva = "A"
        ElseIf Tes >= 60 Then
            Eva = "B"
        Else
            Eva = "C"
        End If
    Else
        Eva = "D"
    End If
'表示
    Range("D3").Value = Eva
End Sub
```

実行結果

	A	B	C	D
1	学籍番号	欠席回数	成績	評価
2	T001	3	75	B

5．複数の条件3

　Ifステートメントは基本的には条件が1つで、その条件に対して真か偽かを判断してそれぞれの処理を場合分けして作成するステートメントです。ここでは、Select Caseステートメントを学びます。これは、例えば、小学生が遠足に行く場合を想定してください。学年によって遠足場所が違うとしましょう。学年が入る変数をGakunenとすると、変数Gakunenが1、すなわち1年生なら「動物園」、変数Gakunenが2、すなわち2年生なら「水族館」・・・というように変数Gakunenに1から6までどの数字が入っているかで場合分けを必要とします。このように条件で真と偽というように2つに分けるのでなく、複数に分かれる場合はSelect Caseステートメントが便利です。

構文

Select Case 変数(式)
　Case 値1
　　　変数(式)が値1のときのプログラム
　　Case 値2
　　　変数(式)が値2のときのプログラム
　・・・・・・・・
　　Case Else
　　　変数(式)が上記以外のときのプログラム
End Select
意味・・・変数(式)が値1、値2・・・、それ以外に場合わけしてプログラム
　　　を実行します。

（1）Caseの書き方

　Case の右側は基本的には値ですが、連続的な値は To でつなぎ、飛び飛びの値はカンマ(,)で区切り、～以上のような場合は Is を使います。

構文

　　　Case 値
　　　Case 値1 To 値2
　　　Case 値1,値2
　　　Case Is 条件式
　　　Case Else

　　　意味・・・Case の右側の値の表記方法です。

　次の例4を見ながら確認しましょう。

例4

```
'変数の型宣言
    Dim X As Integer
    Dim Y As String

'場合分け
    Select Case X
        Case 10
            Y = "X は 10 です。"
        Case 11 To 20
            Y = "X は 11 から 20 までの数です。"
        Case 21, 25, 27
            Y = "X は 21 か 25 か 27 です。"
        Case Is >= 30
            Y = "X は 30 以上の数です。"
        Case Else
            Y = "上記以外の数です。"
    End Select
```

6．MsgBox関数

メッセージを表示する関数です。

> **構文**
>
> MsgBox "メッセージ",ボタンの種類を示す定数, タイトル
>
> 意味・・・ボタンの種類に従いながらメッセージを表記します。

ボタンの種類を示す定数を下の表に示します。

＜ボタンの種類を示す定数＞

定数	ボタンの意味
vbOkOnly	[OK]ボタンのみ
vbOkCancel	[OK],[キャンセル]ボタン
vbAbortRetryIgnore	[中止],[再試行],[無視]ボタン
vbYesNoCancel	[はい],[いいえ],[キャンセル]ボタン
vbYesNo	[はい],[いいえ]ボタン
vbRetryCancel	[再試行],[キャンセル]ボタン

このボタンの種類を示す定数を省略すると、vbOkOnly の表示になります。

ボタンのアイコンを示す定数を下の表に示します。

〈ボタンのアイコンを示す定数〉

定数	ボタンの意味
vbCritical	警告メッセージアイコン
vbQuestion	問い合わせメッセージアイコン
vbExclamation	注意メッセージアイコン
vbInformation	情報メッセージアイコン

例5

MsgBox ″こんな感じです。″, vbOKCancel + vbQuestion

　この関数はボタンを表示するだけです。OK ボタンを押した場合やキャンセルボタンを
押した場合などボタンによって次の作業を変えるためには、返り値を取得する必要があり
ます。

> 構文
> 　　MsgBox(″メッセージ″,ボタンの種類を示す定数, タイトル)
>
> 　　意味・・・ボタンの種類に従いながらメッセージを表記し、押されたボタンの
> 　　　　　　　返り値を返します。

ボタンの返り値を次の表に示します。

＜ボタンの返り値＞

定数	押されたボタン
vbOK	[OK]ボタン
vbCancel	[キャンセル]ボタン
vbAbort	[中止]ボタン
vbRetry	[再試行]ボタン
vbIgnore	[無視]ボタン
vbYes	[はい]ボタン
vbNo	[いいえ]ボタン

例6

```
R = MsgBox("こんな感じです。", vbYesNoCancel + vbQuestion)
Select Case R
        Case vbYes
                MsgBox "「はい」が押されました."
        Case vbNo
                MsgBox "「いいえ」が押されました."
        Case vbCancel
                MsgBox "「キャンセル」が押されました."
    End Select
```

７．強制終了

　Exit Sub と指定すると、プログラムを終了できます。Exit は出口という意味ですので、Sub の出口、すなわちサブプロシージャを抜け出ます。

> 構文
>
> 　　Exit Sub
>
> 　　意味・・・サブプロシージャを抜け出ます。

例題7-5

学年の番号（変数名：Nen、整数型）によって遠足場所（変数名：Basyo、文字列型）を
表示するプログラムを作成しましょう。学年別
の遠足場所は右の表のとおりです。

学年	番号	遠足場所
小学1年生	1	動物園
小学2年生	2	水族館
小学3年生	3	森林公園
小学4年生	4	水族館
小学5年生	5	深間山
小学6年生	6	深間山
中学1年生	7	深間山
中学2年生	8	深間山
中学3年生	9	深間山

	A	B	C	D	E	F	G
1							
2	右の表を参考に該当する学年の番号を入力してください。					学年	番号
3						小学校1年生	1
4	番号	5				小学校2年生	2
5						小学校3年生	3
6	遠足の場所は		です。			小学校4年生	4
7						小学校5年生	5
8						小学校6年生	6
9						中学校1年生	7
10						中学校2年生	8
11						中学校3年生	9
12							

```
Sub 例題75()
'変数の型宣言
    Dim Nen As Integer
    Dim Basyo As String
'代入
    Nen = Range("B4").Value
'決定
    Select Case Nen
        Case 1
            Basyo = "動物園"
        Case 2, 4
            Basyo = "水族館"
```

```
            Case 3
                Basyo = "森林公園"
            Case 5 To 9
                Basyo = "深間山"
            Case Else
                MsgBox "番号は1～9です。もう一度入力してください"
                Exit Sub
        End Select
    '表示
        Range("B6").Value = Basyo
    End Sub
```

実行結果

	A	B	C	D	E	F	G
1							
2	右の表を参考に該当する学年の番号を入力してください。					学年	番号
3						小学校1年生	1
4	番号	5				小学校2年生	2
5						小学校3年生	3
6	遠足の場所は	深間山	です。			小学校4年生	4
7						小学校5年生	5
8						小学校6年生	6
9						中学校1年生	7
10						中学校2年生	8
11						中学校3年生	9

練習問題7-1

必須問題(変数名：Hi、整数型)と選択問題(変数名：Se、整数型)の点数から評価(変数名：Hyou、文字列型)をするプログラムを作成しましょう。

	A	B	C	D	E	F
1						
2	受験番号	必須問題	選択問題	合計	評価1	評価2
3	2019H001	100	80			
4						

① 評価1は、必須問題と選択問題の点数の合計(変数名：Goukei、整数型)が150点より大きい場合は合格、それ以外は不合格とします。
② 評価2は、必須問題も選択問題も70点以上の場合はA、それ以外はDとします。

```
Sub 練習問題 711()
 '変数の型宣言
     Dim Hi As [ ア ]
     Dim Se As [ ア ]
     Dim Goukei As [ ア ]
     Dim Hyou As [ イ ]
 '代入
     Hi = Range("B3").Value
     Se = Range("C3").Value
 '計算
     Goukei = [ ウ ]
 '評価
     If [ エ ]
         Hyou = "合格"
     [ オ ]
         Hyou = "不合格"
     End If
 '表示
     [ カ ] = Goukei
     [ キ ] = Hyou
End Sub
```

```
Sub 練習問題 712()
 '変数の型宣言
     Dim Hi As [ ア ]
     Dim Se As [ ア ]
     Dim Hyou As [ イ ]
 '代入
     Hi = Range("B3").Value
     Se = Range("C3").Value

 '評価
     If [ ク ]
         Hyou = "A"
     [ オ ]
         Hyou = "D"
     End If
 '表示
     [ ケ ] = Hyou
End Sub
```

実行結果

	A	B	C	D	E	F
1						
2	受験番号	必須問題	選択問題	合計	評価1	評価2
3	2019H001	100	80	180	合格	A
4						

練習問題7-2

　収縮期血圧(変数名：High、整数型)と拡張期血圧 (変数名：Low、整数型) から高血圧、正常高血圧、正常血圧、至適血圧の判定(変数名：Hantei、文字列型)をするプログラムを作成しましょう。

判定

収縮期血圧が140以上か拡張期血圧が90以上の場合	高血圧
上記以外で、収縮期血圧が130以上か拡張期血圧が85以上の場合	正常高血圧
上記以外で、収縮期血圧が120以上か拡張期血圧が80以上の場合	正常血圧
上記以外は	至適血圧

	A	B	C
1			
2			
3	収縮期血圧=	120	mmHg
4			
5	拡張期血圧=	80	mmHg
6			
7	あなたは		です。
8			

```
Sub  練習問題 72()
'変数の型宣言
    Dim High As Integer
    Dim Low As Integer
    Dim Hantei As String
'代入
    High = Range("B3").Value
    Low = Range("B5").Value
'判定
    If [ ア ]
        Hantei = "高血圧"
    [ イ ]
        Hantei = "正常高血圧"
    [ ウ ]
        Hantei = "正常血圧"
    [ エ ]
        Hantei = "至適血圧"
    End If
'表示
    Range("B7").Value = Hantei
End Sub
```

実行結果

	A	B	C
1			
2			
3	収縮期血圧=	120	mmHg
4			
5	拡張期血圧=	80	mmHg
6			
7	あなたは	正常血圧	です。
8			

練習問題7-3

　例題7-1のプログラムを次の評価に修正しましょう。

　評価は90点以上なら「S」と表示し、90点未満80点以上なら「A」、80点未満70点以上なら「B」、70点未満60点以上なら「C」、60点未満なら「D」と表示します。

練習問題7-4

　練習問題5-1のプログラムを改良して評価(変数名：Eva、文字列型)を表示できるプログラムにしましょう。

BMI	評価
−18.5 未満	痩せすぎです。
−18.5 以上～25 未満	標準です。今の体重を保ちましょう。
25 以上	肥満です。直ちに改善を！！

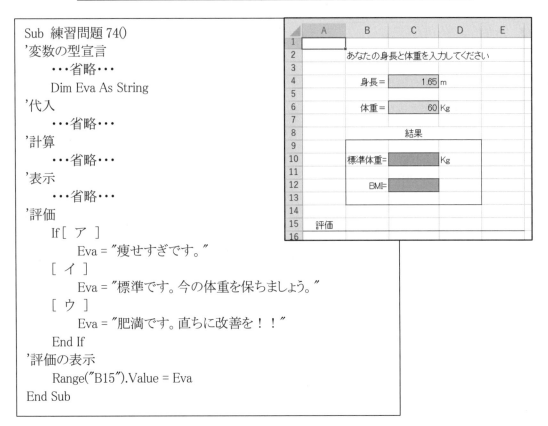

```
Sub 練習問題74()
'変数の型宣言
    ･･･省略･･･
    Dim Eva As String
'代入
    ･･･省略･･･
'計算
    ･･･省略･･･
'表示
    ･･･省略･･･
'評価
    If[ ア ]
        Eva = "痩せすぎです。"
    [ イ ]
        Eva = "標準です。今の体重を保ちましょう。"
    [ ウ ]
        Eva = "肥満です。直ちに改善を！！"
    End If
'評価の表示
    Range("B15").Value = Eva
End Sub
```

実行結果

	A	B	C	D	E
1					
2		あなたの身長と体重を入力してください			
3					
4		身長＝	1.65	m	
5					
6		体重＝	60	Kg	
7					
8			結果		
9					
10		標準体重＝	59.8949966	Kg	
11					
12		BMI＝	22.0385685		
13					
14					
15	評価	標準です。今の体重を保ちましょう。			
16					

練習問題7-5

　例題7-4の問題で最初の条件を5回以上授業を欠席した場合から条件を作成した場合のプログラムを作成してみましょう。

練習問題7-6

　購入金額（変数名：Kingaku、長整数型）と区分（会員と一般）（変数名：Kubun、整数型）によって割引率（変数名：Ritu、単精度浮動小数点型）が以下の表のようになる場合、請求金額（変数名：Seikyu、長整数型）を求めるプログラムを作成しましょう。

購入金額	区分	
	会員	一般
20000円未満	10%	なし
20000以上40000円未満	20%	5%
40000円以上	30%	10%

▲	A	B	C	D	E
1					
2					
3		購入金額	会員の有無 会員：1 一般：2	割引率	請求金額
4		45000	2		
5					

```
Sub 練習問題 76()
'変数の型宣言
    Dim Kingaku As Long
    Dim Kubun As Integer
    Dim Ritu As Single
    Dim Seikyu As Long
'代入
    Kingaku = Range("B4").Value
    Kubun = Range("C4").Value
'判断
    Select Case [ ア ]
        Case [ イ ]
            If [ ウ ]
                Ritu = 0.1
            [ エ ]
                Ritu = 0.2
            [ オ ]
                Ritu = 0.3
            End If
        Case [ カ ]
            If [ ウ ]
                Ritu = 0
            [ エ ]
                Ritu = 0.05
            [ オ ]
                Ritu = 0.1
            End If
        Case Else
            MsgBox "会員の有無が違います。"
            Exit Sub
    End Select
```

```
        Seikyu = Kingaku * (1 - Ritu)
'表示
    Range("D4").Value = Ritu
    Range("E4").Value = Seikyu
End Sub
```

実行結果

	A	B	C	D	E
1					
2					
3		購入金額	会員の有無 会員：1 一般：2	割引率	請求金額
4		45000	2	0.1	40500

練習問題7-7

乱数(1～15)を発生させて(変数名：Num、整数型)、大吉から末吉までを表示(変数名：Opt、文字列型)するおみくじのプログラムを作成しましょう。

Num	Opt
1，10	大吉
2，3，4，5，6	中吉
7，9，15	吉
それ以外	末吉

	A	B	C	D
1				
2		今日のあなたの運勢は？		
3				
4				
5				

参考 <乱数>

乱数を発生する関数は Rnd 関数を使います。

これは 0 以上 1 未満の乱数を発生させる関数なので、1 から 10 までの整数の乱数を発生させるためには、Int(Rnd*10)+1 とします。

```
Sub 練習問題 77()
'変数の型宣言
    Dim Num As Integer
    Dim Opt As String
'乱数の初期化
    Randomize
'乱数
    Num = Int(Rnd * 15) + 1
'おみくじ
    Select Case Num
```

```
    End Select
'表示
    Range("B4").Value = Opt
End Sub
```

実行結果

8 繰り返し処理

1．繰り返し処理1

　繰り返し処理は、処理を何回も繰り返して実行する手法です。この手法には、Do～Loop ステートメントを利用するものとFor～Next ステートメントを利用するものがあります。まずは、Do～Loop ステートメントを使う繰り返し処理を学習していきましょう。

（1）Do While～Loop ステートメント

　Do While～Loop ステートメントは流れ図に示すと、右図のようになります。条件が成立しているあいだ、Do While から Loop の間のプログラムを繰り返し実行します。

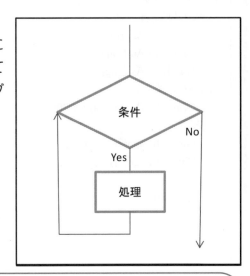

構文

　　　Do　While　条件式
　　　　　処理
　　　Loop

　　　意味・・・条件が成立している間、処理を繰り返します。

例題8-1

　元金(変数名：Gan、長整数型)と年利(変数名：Ritu、単精度浮動小数点型)を入力して、目標金額（定数名：MAX、長整数型，20000 円)になるまでの年数を求めるプログラムを作成しましょう。計算は複利とし、複利周期は1年とします。

◢	A	B	C	D	E	F
1	元金	10000	円	目標金額を超えるのは		
2				年後		
3	年利	8	%			
4				-----計算-------		
5						
6						
7						
8						
9						

```
Sub 例題 81()
'変数の型宣言
    Dim Nen As Integer
    Dim Gan As Long
    Dim Ritu As Single
'定数の宣言
    Const MAX As Long = 20000
'代入
    Gan = Range("B1").Value
    Ritu = Range("B3").Value
'計算と表示
    Nen = 0
    Do While Gan < MAX
        Gan = Gan * (1 + Ritu / 100)
        Nen = Nen + 1
        '表示
        Cells(4 + Nen, 4).Value = Nen & "年後"
        Cells(4 + Nen, 5).Value = Gan & "円"
    Loop
    Range("D2").Value = Nen
End Sub
```

実行結果

◢	A	B	C	D	E	F
1	元金	10000	円	目標金額を超えるのは		
2				10 年後		
3	年利	8	%			
4				-----計算-------		
5				1年後	10800円	
6				2年後	11664円	
7				3年後	12597円	
8				4年後	13605円	
9				5年後	14693円	
10				6年後	15868円	
11				7年後	17137円	
12				8年後	18508円	
13				9年後	19989円	
14				10年後	21588円	

　変数 Gan が定数 MAX を超えたところでループをとび出し、10 年後に 20000 円を超えることがわかります。

（2）Do～Loop While ステートメント

　次のステートメントも、条件成立しているあいだ、Do～Loop While の間のプログラムを繰り返し実行します。(1)との違いは While 条件式が Loop の隣にあることです。Do の隣にある場合は、はじめに条件を満たすかどうかを判断し、もしこの条件に引っかかれば、処理は実行されないままとばされます。これに対して、Loop の隣にある場合は、どのようなものでも 1 回は処理が実行されます。

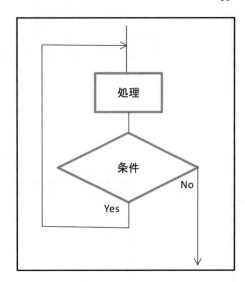

構文

  Do
    処理
  Loop While 条件式

意味・・・条件が成立している間、処理を繰り返します。

例題8-2

例題 8-1 のプログラムを Do〜Loop While ステートメントで作成してみましょう。

```
Sub 例題82()
'変数の型宣言
    Dim Nen As Integer
    Dim Gan As Long
    Dim Ritu As Single
'定数の宣言
    Const MAX As Long = 20000
'代入
    Gan = Range("B1").Value
    Ritu = Range("B3").Value
'計算と表示
    Nen = 0
    Do
        Gan = Gan * (1 + Ritu / 100)
        Nen = Nen + 1
```

```
        '表示
        Cells(4 + Nen, 4).Value = Nen & "年後"
        Cells(4 + Nen, 5).Value = Gan & "円"
    Loop While Gan < MAX
    Range("D2").Value = Nen
End Sub
```

実行結果

	A	B	C	D	E	F
1	元金	10000	円	目標金額を超えるのは		
2				10	年後	
3	年利	8	%			
4				-----計算-------		
5				1年後	10800円	
6				2年後	11664円	
7				3年後	12597円	
8				4年後	13605円	
9				5年後	14693円	
10				6年後	15868円	
11				7年後	17137円	
12				8年後	18508円	
13				9年後	19989円	
14				10年後	21588円	

例 1

ここでは元金を 20000 円に設定して実行してみましょう。

例題 8-1 では計算に何も表示されず、0 年後と表示されているのに対して、例題 8-2 では 1 回はプログラムが実行されるので計算結果が「1」と表示されます。

どちらの手法が良いということは、一概に言えません。最初に条件を作ってそこに引っかかればプログラムを実行しないで抜けてしまう方が良い場合もあれば、とりあえず 1 回はプログラムの実行がある方が良い場合もあります。

	A	B	C	D	E
1	元金	20000	円	目標金額を超えるのは	
2				0	年後
3	年利	8	%		
4				-----計算-------	
5					
6					

	A	B	C	D	E
1	元金	20000	円	目標金額を超えるのは	
2				1	年後
3	年利	8	%		
4				-----計算-------	
5				1年後	21600円
6					

（3）Do Until〜Loopステートメント

While 条件式の場合は、条件が成立している間、Do〜Loop のプログラムを繰り返し実行するものでしたが、Until 条件式は、条件が成立しない間 Do〜Loop のプログラムを繰り返し実行します。

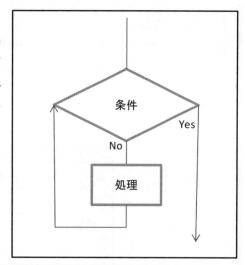

構文

    Do Until 条件式
        処理
    Loop

    意味・・・条件が成立しない間、処理を繰り返します。

例題8-3

例題 8-1 のプログラムを Do Until〜Loop で作成しましょう。

```
Sub  例題 83()
'変数の型宣言
    Dim Nen As Integer
    Dim Gan As Long
    Dim Ritu As Single
'定数の宣言
    Const MAX As Long = 20000
'代入
    Gan = Range("B1").Value
    Ritu = Range("B3").Value
'計算と表示
    Nen = 0
    Do Until Gan >= MAX
        Gan = Gan * (1 + Ritu / 100)
        Nen = Nen + 1
```

```
        '表示
        Cells(4 + Nen, 4).Value = Nen & "年後"
        Cells(4 + Nen, 5).Value = Gan & "円"
    Loop
    Range("D2").Value = Nen
End Sub
```

実行結果

	A	B	C	D	E	F
1	元金	10000	円	目標金額を超えるのは		
2				10 年後		
3	年利	8	%			
4				-----計算-------		
5				1年後	10800円	
6				2年後	11664円	
7				3年後	12597円	
8				4年後	13605円	
9				5年後	14693円	
10				6年後	15868円	
11				7年後	17137円	
12				8年後	18508円	
13				9年後	19989円	
14				10年後	21588円	
15						

　While と Until の条件式は、反対になります。While が「Nen<MAX」なら Until では「Nen>=MAX」となり、「=」が入ります。

（4）Do～Loop Until ステートメント

　Until についても⑵と同様で、Loop の後に条件を置くことができます。

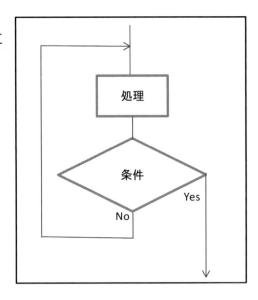

構文

> Do
>> 処理
> Loop　Until　条件式
>
> **意味・・・条件が成立しない間、処理を繰り返します。**

例題8-4

例題 8-2 と同様に Do〜Loop Until を使い例題 8-1 のプログラムを作成しましょう。

```
Sub 例題 84()
'変数の型宣言
    Dim Nen As Integer
    Dim Gan As Long
    Dim Ritu As Single
'定数の宣言
    Const MAX As Long = 20000
'代入
    Gan = Range("B1").Value
    Ritu = Range("B3").Value
'計算と表示
    Nen = 0
    Do
        Gan = Gan * (1 + Ritu / 100)
        Nen = Nen + 1
        '表示
        Cells(4 + Nen, 4).Value = Nen & "年後"
        Cells(4 + Nen, 5).Value = Gan & "円"
    Loop Until Gan >= MAX
    Range("D2").Value = Nen
End Sub
```

実行結果

	A	B	C	D	E	F
1	元金	10000	円	目標金額を超えるのは		
2				10	年後	
3	年利	8	%			
4				-----計算-------		
5				1年後	10800円	
6				2年後	11664円	
7				3年後	12597円	
8				4年後	13605円	
9				5年後	14693円	
10				6年後	15868円	
11				7年後	17137円	
12				8年後	18508円	
13				9年後	19989円	
14				10年後	21588円	

例2

例1同様、元金を 20000 円に設定して実行してみましょう。

例題 8-3 は計算に何も表示されず、0 年後と表示されているのに対して、例題 8-4 は 1 回だけはプログラムが実行されるので計算結果が表示されます。

2．Do ループの強制終了

　While や Until の条件がない Do～Loop ステートメントのプログラムを考えてみましょう。しかしこれでは終了条件がないため無限ループになってしまいます。このループでは、プログラム中に条件を入れて、その条件を満たせば（または合わなければ）Do ループから抜け出す方法がとられます。Do ループを強制的に抜け出す命令は次の通りです。

> **構文**
>
> 　　　Exit　Do
>
> **意味・・・** Do ループを抜け出ます。

例題8-5

例題 8-1 のプログラムを Do～Loop で処理する場合は、下記のようになります。

```
Sub 例題 85()
'変数の型宣言
    Dim Nen As Integer
    Dim Gan As Long
    Dim Ritu As Single
'定数の宣言
    Const MAX As Long = 20000
'代入
    Gan = Range("B1").Value
    Ritu = Range("B3").Value
'計算と表示
    Nen = 0
    Do
        Gan = Gan * (1 + Ritu / 100)
        Nen = Nen + 1
        '表示
        Cells(4 + Nen, 4).Value = Nen & "年後"
        Cells(4 + Nen, 5).Value = Gan & "円"
        If Gan >= MAX Then
            Exit Do
        End If
    Loop
    Range("D2").Value = Nen
End Sub
```

実行結果

▲	A	B	C	D	E	F
1	元金	10000	円	目標金額を超えるのは		
2				10	年後	
3	年利	8	%			
4				-----計算-------		
5				1年後	10800円	
6				2年後	11664円	
7				3年後	12597円	
8				4年後	13605円	
9				5年後	14693円	
10				6年後	15868円	
11				7年後	17137円	
12				8年後	18508円	
13				9年後	19989円	
14				10年後	21588円	

3．データ数がわからない場合のループ

　Do ループは一般的に、繰り返し処理の回数がわからない場合に利用します。そのため終了条件がとても重要です。例題 8-1 のように終了条件を作りやすい場合もありますが「100 人分位のデータが入っている」と言われ、実際に何人分なのかわからないような終了条件を作りづらい事があります。このような場合の方法としてデータがなくなったところ(空白セル)があらわれた場合を終了条件とする方法が使われます。この空白セルの判定には IsEmpty 関数を使うと便利です。

構文

　　IsEmpty(値)

　　意味・・・値が Empty かどうかを調べる関数です。Empty の場合真(True)を返し、Empty ではない場合に偽(False)を返します。

例題8-6

　所属コード(変数名：Scode、文字列)と性別(変数名：Sei、文字列型)を入力すると健康診断の日程(変数名：Nittei、文字列型)を表示するプログラムを作成しましょう。健康診断の振り分けは次のページの表の通りで、データ数はあらかじめわかっていないものとします。

	A	B	C	D	E	F	G	H	I
1			健康診断日程表						
3	職員番号	所属コード	所属	性別	月日			所属コード	所属
4	10s001	S01	人事課	男				S01	人事課
5	10s002	S02	営業1課	女				S02	営業1課
6	10s003	S03	営業2課	女				S03	営業2課
7	10s004	S04	広報課	女				S04	広報課
8	10s005	S05	経理課	男				S05	経理課
9	10s006	S01	人事課	女					
10	10s007	S02	営業1課	だんだん					
11	10s008	S008	#N/A	女					
12	10s009	S04	広報課	男					
13	10s010	S05	経理課	男					
14	10s011	S01	人事課	男					
15	10s012	S02	営業1課	男					
16	10s013	S03	営業2課	男					
17	10s014	S04	広報課	女					
18	10s015	S05	経理課	男					
19	10s016	S01	人事課	女					
20	10s017	S02	営業1課	男					
21	10s018	S03	営業2課	女					
22	10s019	S04	広報課	男					
23	10s020	S05	経理課	女					

健康診断振り分け

所属(所属コード)	性別	日程
人事課(S01)	男	5 月 13 日(水)
広報課(S02)	女	5 月 20 日(水)
営業 1 課(S03)	男	5 月 14 日(木)
営業 2 課(S04)	女	5 月 21 日(木)
経理課(S05)	男	5 月 15 日(金)
	女	5 月 22 日(金)

```
Sub  例題 86()
'変数の型宣言
    Dim Scode As String
    Dim Sei As String
    Dim Nittei As String
    'A4 セルを選択し、ループ
    Range("A4").Select
    Do While IsEmpty(Selection.Value) = False
'代入
        Scode = Selection.Offset(0, 1).Value
        Sei = Selection.Offset(0, 3).Value
'判定
        Select Case Scode
            Case "S01", "S02"
                If Sei = "男" Then
                    Nittei = "5 月 13 日(水)"
                ElseIf Sei = "女" Then
                    Nittei = "5 月 20 日(水)"
                Else
                    Nittei = "性別エラー！！"
                End If
            Case "S03", "S04"
                If Sei = "男" Then
                    Nittei = "5 月 14 日(木)"
                ElseIf Sei = "女" Then
                    Nittei = "5 月 21 日(木)"
                Else
                    Nittei = "性別エラー！！"
                End If
```

```
        Case "S05"
            If Sei = "男" Then
                Nittei = "5 月 15 日(金)"
            ElseIf Sei = "女" Then
                Nittei = "5 月 22 日(金)"
            Else
                Nittei = "性別エラー！！"
            End If
        Case Else
                Nittei = "所属コードエラー！！"
    End Select
    '表示
    Selection.Offset(0, 4).Value = Nittei
    '次のステップへ
    Selection.Offset(1, 0).Select
    Loop
End Sub
```

実行結果

	A	B	C	D	E	F	G	H	I
1			健康診断日程表						
2									
3	職員番号	所属コード	所属	性別	月日			所属コード	所属
4	10s001	S01	人事課	男	5月13日(水)			S01	人事課
5	10s002	S02	営業1課	女	5月20日(水)			S02	営業1課
6	10s003	S03	営業2課	女	5月21日(木)			S03	営業2課
7	10s004	S04	広報課	女	5月21日(木)			S04	広報課
8	10s005	S05	経理課	男	5月15日(金)			S05	経理課
9	10s006	S01	人事課	女	5月20日(水)				
10	10s007	S02	営業1課	だんだん	性別エラー！！				
11	10s008	S008	#N/A	女	所属コードエラー！！				
12	10s009	S04	広報課	男	5月14日(木)				
13	10s010	S05	経理課	男	5月15日(金)				
14	10s011	S01	人事課	男	5月13日(水)				
15	10s012	S02	営業1課	男	5月13日(水)				
16	10s013	S03	営業2課	男	5月14日(木)				
17	10s014	S04	広報課	女	5月21日(木)				
18	10s015	S05	経理課	男	5月15日(金)				
19	10s016	S01	人事課	女	5月20日(水)				
20	10s017	S02	営業1課	男	5月13日(水)				
21	10s018	S03	営業2課	女	5月21日(木)				
22	10s019	S04	広報課	男	5月14日(木)				
23	10s020	S05	経理課	女	5月22日(金)				

4．For〜Nextステートメント

　For〜Next ステートメントは、繰り返し処理を行うステートメントで、繰り返しの回数が分かっている場合に使います。

構文

For i = 初期値 To 終了値 [Step 増分値]
　　処理
Next i
　（iはカウンタです）

意味・・・カウンタ i が初期値から終了値を超えない範囲で、増分値ずつ増
えながら Next までのプログラムを繰り返し処理します。

増分値が1の場合は Step 増分値は省略できます。

例3

```
Sum = 0
For i=1 To 20 Step 2
     Sum = Sum + i
Next i
```

これは Sum = 1 + 3 + 5 + 7 + 9 + 11 + 13 + 15 + 17 + 19・ の計算をするプログラ
ムになります。

例題8-7

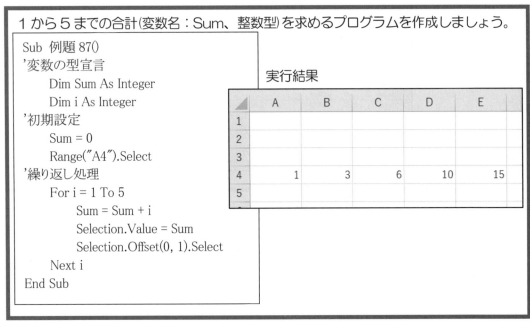

1から5までの合計(変数名：Sum、整数型)を求めるプログラムを作成しましょう。

```
Sub 例題87()
'変数の型宣言
     Dim Sum As Integer
     Dim i As Integer
'初期設定
     Sum = 0
     Range("A4").Select
'繰り返し処理
     For i = 1 To 5
          Sum = Sum + i
          Selection.Value = Sum
          Selection.Offset(0, 1).Select
     Next i
End Sub
```

実行結果

	A	B	C	D	E
1					
2					
3					
4	1	3	6	10	15
5					

Sum と i の関係は以下のとおりです。

			はじめの Sum = 0
For のループ	1 回目	i = 1	Sum = Sum + i = 0 + 1 = 1
	2 回目	i = i + 1 = 2	Sum = Sum + i = 1 + 2 = 3
	3 回目	i = i + 1 = 3	Sum = Sum + i = 3 + 3 = 6
	4 回目	i = i + 1 = 4	Sum = Sum + i = 6 + 4 = 10
	5 回目	i = i + 1 = 5	Sum = Sum + i = 10 + 5 = 15

5．二重ループ

二重ループは、繰り返しのステートメントの中に、また繰り返しステートメントがある場合です。

構文

```
For  カウンタ1=初期値1  To  終了値1 ［Step  増分値1］
    処理1
    For  カウンタ2=初期値2  To  終了値2 ［Step  増分値2］
        処理2
    Next  カウンタ2
    処理3
Next  カウンタ1
```

外側のカウンタ(カウンタ 1)を i、内側のカウンタ(カウンタ 2)を j と置くことが多いです。

例題8-8

i×j(1≦i≦3,1≦j≦2)の計算を二重ループを用いて作成し、実行してみましょう。

実行結果

	A	B	C	D
1				
2				
3		1	2	
4		2	4	
5		3	6	
6				

```
Sub 例題88()
’変数の型宣言
    Dim Kazu As Integer
    Dim i As Integer
    Dim j As Integer
’繰り返し処理
    Range("B3").Select
    For i = 1 To 3
        For j = 1 To 2
            Kazu = i * j
            Selection.Value = Kazu
            Selection.Offset(0, 1).Select
        Next j
        Selection.Offset(1, -2).Select
    Next i
End Sub
```

繰り返し処理は以下のようになります。

For i のループ	i = 1	For j のループ	j = 1	Kazu = 1 × 1 = 1
			j = 2	Kazu = 1 × 2 = 2
	i = 2	For j のループ	j = 1	Kazu = 2 × 1 = 2
			j = 2	Kazu = 2 × 2 = 4
	i = 3	For j のループ	j = 1	Kazu = 3 × 1 = 3
			j = 2	Kazu = 3 × 2 = 6

ここで □ 部分は3×2＝6回繰り返し実行されます。

例題8-9

次の商品のそれぞれの個数（変数名:Ko、整数型）の合計個数（変数名:Goukei、長整数型）を求めるプログラムを完成しましょう。

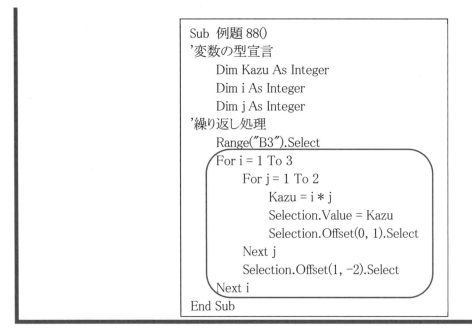

```
Sub 例題89()
'変数の宣言
    Dim Ko As Integer
    Dim Goukei As Long
    Dim i As Integer
    Dim j As Integer
'計算と表示
    Range("B5").Select
    For i = 1 To 4
        '初期設定
        Goukei = 0
        For j = 1 To 6
            '代入
            Ko = Selection.Value
            '計算
            Goukei = Goukei + Ko
            '次のステップ
            Selection.Offset(0, 1).Select
        Next j
        '表示
        Selection.Value = Goukei
        '次の行へ
        Selection.Offset(1, -6).Select
    Next i
End Sub
```

実行結果

	A	B	C	D	E	F	G	H
1								
2		おむすび売上個数一覧						
3								
4	商品名	月	火	水	木	金	土	合計個数
5	鮭	25	21	49	30	27	33	185
6	おかか	34	28	20	48	15	40	185
7	昆布	24	49	35	14	16	29	167
8	肉みそ	12	17	47	18	30	49	173
9								

練習問題8-1

必須問題 100 点(変数名：Hisu、整数型)、選択問題 100 点(変数名：Sen、整数型)を合わせて 100 点満点の模擬試験を行いました。評価(変数名：Hyou、文字列型)は必須問題と選択問題の合計(変数名：Kei、整数型)が 160 点以上なら「A」と表示し、160 点未満 140 点以上なら「B」、それ以外なら「C」と表示します。

	A	B	C	D	E
1					
2		模擬問題結果			
4	受験番号	必須問題	選択問題	合計	評価
5	19R1001	50	50		
6	19R1002	90	60		
7	19R1003	60	50		
8	19R1004	90	60		
9	19R1005	90	100		
10	19R1006	50	60		
11	19R1007	60	100		
12	19R1008	80	90		
13	19R1009	80	50		
14	19R1010	100	50		

(1) 合計を求めるプログラムを Do While～Loop で行いましょう。ただし、人数は不明なものとします。

```
Sub 練習問題811()
'変数の型宣言
    Dim Hisu As Integer
    Dim Sen As Integer
    Dim Kei As Integer
'合計
    Range("A5").Select
    Do While [ ア ]
        '代入
        Hisu = Selection. Offset(0, 1).Value
        Sen = Selection.Offset(0, 2).Value
        '計算
        Kei = Hisu + Sen
        '表示
        [ イ ] = Kei
        '次のステップへ
        [ ウ ].Select
    Loop
End Sub
```

実行結果

	A	B	C	D	E
1					
2		模擬問題結果			
4	受験番号	必須問題	選択問題	合計	評価
5	19R1001	50	50	100	
6	19R1002	90	60	150	
7	19R1003	60	50	110	
8	19R1004	90	60	150	
9	19R1005	90	100	190	
10	19R1006	50	60	110	
11	19R1007	60	100	160	
12	19R1008	80	90	170	
13	19R1009	80	50	130	
14	19R1010	100	50	150	

(2) (1)のプログラムを Do Until～Loop で作成しましょう。

(3) 評価を行うプログラムを Do While～Loop で作成しましょう。ただし、人数は不明で あるものとします。

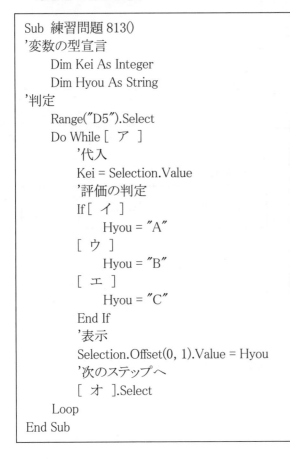

```
Sub 練習問題 813()
'変数の型宣言
    Dim Kei As Integer
    Dim Hyou As String
'判定
    Range("D5").Select
    Do While [ ア ]
        '代入
        Kei = Selection.Value
        '評価の判定
        If [ イ ]
            Hyou = "A"
        [ ウ ]
            Hyou = "B"
        [ エ ]
            Hyou = "C"
        End If
        '表示
        Selection.Offset(0, 1).Value = Hyou
        '次のステップへ
        [ オ ].Select
    Loop
End Sub
```

実行結果

	A	B	C	D	E
1					
2			模擬問題結果		
3					
4	受験番号	必須問題	選択問題	合計	評価
5	19R1001	50	50	100	C
6	19R1002	90	60	150	B
7	19R1003	60	50	110	C
8	19R1004	90	60	150	B
9	19R1005	90	100	190	A
10	19R1006	50	60	110	C
11	19R1007	60	100	160	A
12	19R1008	80	90	170	A
13	19R1009	80	50	130	C
14	19R1010	100	50	150	B
15					

練習問題8-2

(1) 1 から 100 までの合計(変数名：Goukei、整数型)を求めるプログラムを完成しましょう。

```
Sub 練習問題 821()
'変数の型宣言
    Dim i As Integer
    Dim Goukei As Integer
'計算
    Goukei = 0
    For i = [ ア ]
        Goukei = Goukei + i
    Next i
    Range("B2").Value = Goukei
End Sub
```

	A	B
1		
2	1から100までの合計	
3		
4	1から100までの偶数の合計	
5		
6	1から100までの奇数の合計	
7		

実行結果

◢	A	B
1		
2	1から100までの合計	5050
3		

(2) 1から100までの数の偶数の合計(変数名：Goukei、整数型)を求めるプログラムを完成しましょう。

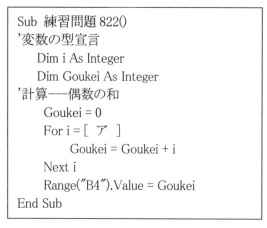

```
Sub 練習問題822()
'変数の型宣言
    Dim i As Integer
    Dim Goukei As Integer
'計算---偶数の和
    Goukei = 0
    For i = [ ア ]
        Goukei = Goukei + i
    Next i
    Range("B4").Value = Goukei
End Sub
```

実行結果

3		
4	1から100までの偶数の合計	2550
5		

(3) 1から100までの奇数の合計(変数名：Goukei、整数型)を求めるプログラムを完成しましょう。

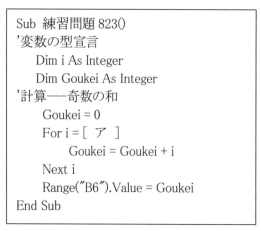

```
Sub 練習問題823()
'変数の型宣言
    Dim i As Integer
    Dim Goukei As Integer
'計算---奇数の和
    Goukei = 0
    For i = [ ア ]
        Goukei = Goukei + i
    Next i
    Range("B6").Value = Goukei
End Sub
```

実行結果

5		
6	1から100までの奇数の合計	2500
7		

練習問題8-3

　それぞれの商品の個数(変数名：Kosu、整数型)の合計個数(変数名：Goukei、整数型)を求め、価格(変数名：Nedan、長整数型)より金額(変数名：Kingaku、長整数型)を計算し、最後に総額(変数名：Soukei、長整数型)を表示するプログラムを完成しましょう。

```
Sub  練習問題 83()
’変数の宣言
    Dim Kosu As Integer
    Dim Nedan As Long
    Dim Goukei As Long
    Dim Kingaku As Long
    Dim Soukei As Long
    Dim i As Integer
    Dim j As Integer
’計算と表示
    Range("B5").Select
    For i =[  ア  ]
        ’初期設定
        Goukei =[  イ  ]
        Nedan = [  ウ  ]
        For j = [  エ  ]
            ’次のステップ
            Selection.Offset(0,1).Select
            ’代入
            Kosu = Selection.Value
            ’計算
            Goukei = Goukei + Kosu
        Next j
        ’計算
        Kingaku = [  オ  ]
        Soukei = [  カ  ]
        ’合計個数と金額の表示
        Selection.Offset(0,1).Value = Goukei
        Selection.Offset(0,2).Value = Kingaku
        ’次の行へ
        Selection.Offset(1,-4).Select
    Next i
    ’総計の表示
    Selection.Offset(0,6).Value = Soukei
End Sub
```

	A	B	C	D	E	F	G	H
1								
2			小町弁当注文集計表					
3								
4	商品名	価格	企画課	人事課	営業課	総務課	合計個数	金額
5	日替わり弁当	400	5	3	3	7		
6	スタミナ弁当	500	7	8	4	10		
7	ヘリシー弁当	420	3	10	2	6		
8	幕の内弁当	600	2	4	0	2		
9	のり弁当	350	5	4	2	10		
10							総額	

実行結果

	A	B	C	D	E	F	G	H
1								
2			小町弁当注文集計表					
3								
4	商品名	価格	企画課	人事課	営業課	総務課	合計個数	金額
5	日替わり弁当	400	5	3	3	7	18	7200
6	スタミナ弁当	500	7	8	4	10	29	14500
7	ヘリシー弁当	420	3	10	2	6	21	8820
8	幕の内弁当	600	2	4	0	2	8	4800
9	のり弁当	350	5	4	2	10	21	7350
10							総額	42670

9 配列

1. 配列とは

「変数はメモリの中に用意された箱だ。」と説明しました。配列もメモリの中に用意された箱には違いありません。ただ、複数の並んだ同じ型の入る箱が同じ名前を持って存在します。同じ名前だと区別がつかないので、番号がふられます。箱の名前を配列名、番号を添え字(インデックス)といいます。

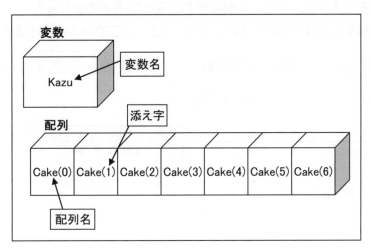

構文

　　Dim　配列名(要素の数－1)　As　型

　　意味・・・配列の宣言。

ここで、添え字は0から始まるので10個配列を宣言したい場合は、「Dim　配列名(9) As　型」となります。

2. 添え字の範囲を変更

デフォルトの場合、添え字は0から始まりますが、これは変更することができます。

構文

　　Dim　配列名（最小値　To　最大値）　As　型

　　意味・・・添え字の範囲が最小値から最大値までの配列の宣言。

例えば、Dim Gakunen(1 To 6) As Long とすると、Gakunen という Long 型の箱が 1 から 6 までの添え字が付いて出来上がります。

また 1 からはじめたい場合は「Option Base 1」と宣言する方法もあります。

例題9-1

20 人の学生の点数(配列名：Ten、整数型)を配列に代入して平均点(変数名：Ave、単精度浮動小数点型)と標準偏差(変数名：Sd、単精度浮動小数点型)を求めるとともに、各学生の偏差値(配列名：Dev、単精度浮動小数点型)を求めましょう。

平均値と標準偏差は下記のようにして求めます。ここで n は人数をあらわします。

$$平均値(\bar{x})=\frac{1}{n}\sum_{i=1}^{n} x_i \ (x_i は各学生の点数) \qquad 標準偏差(\delta)=\sqrt{\frac{1}{n}\sum_{i=1}^{n}(x_i - \bar{x})^2}$$

$$偏差値＝(x_i - \bar{x}) \div \delta \times 10 + 50$$

```
Sub 例題91()
'配列と変数の型宣言
    Dim Ten(19) As Integer
    Dim Dev(19) As Single
    Dim Ave As Single
    Dim Sd As Single
    Dim i As Integer
'代入
    For i = 0 To 19
        Ten(i) = Cells(4 + i, 2).Value
    Next i
'平均
    Ave = 0
    For i = 0 To 19
        Ave = Ave + Ten(i)
    Next i
    Ave = Ave / 20
'標準偏差
    Sd = 0
    For i = 0 To 19
        Sd = Sd + (Ten(i) – Ave) ^ 2
    Next i
    Sd = Sqr(Sd / 20)
```

	A	B	C	D	E	F
1	模擬試験結果一覧表					
2						
3	学籍番号	点数	偏差値			
4	1001	60			平均値	
5	1002	80			標準偏差	
6	1003	80				
7	1004	50				
8	1005	50				
9	1006	50				
10	1007	80				
11	1008	50				
12	1009	90				
13	1010	50				
14	1011	100				
15	1012	70				
16	1013	80				
17	1014	100				
18	1015	100				
19	1016	90				
20	1017	70				
21	1018	100				
22	1019	80				
23	1020	80				

```
'偏差値
    For i = 0 To 19
        Dev(i) = (Ten(i) - Ave) / Sd * 10 + 50
    Next i
'表示
    Range("F4").Value = Ave
    Range("F5").Value = Sd
    For i = 0 To 19
        Cells(4 + i, 3).Value = Dev(i)
    Next i
End Sub
```

実行結果

	A	B	C	D	E	F
1	模擬試験結果一覧表					
2						
3	学籍番号	点数	偏差値			
4	1001	60	41.398838		平均値	75.5
5	1002	80	52.4971123		標準偏差	18.02082
6	1003	80	52.4971123			
7	1004	50	35.8497009			
8	1005	50	35.8497009			
9	1006	50	35.8497009			
10	1007	80	52.4971123			
11	1008	50	35.8497009			
12	1009	90	58.0462494			
13	1010	50	35.8497009			
14	1011	100	63.5953865			
15	1012	70	46.9479752			
16	1013	80	52.4971123			
17	1014	100	63.5953865			
18	1015	100	63.5953865			
19	1016	90	58.0462494			
20	1017	70	46.9479752			
21	1018	100	63.5953865			
22	1019	80	52.4971123			
23	1020	80	52.4971123			

3．2次元配列

　上記で説明した配列は、1次元の配列です。2次元の配列は、下のような整理ダンスの引出しと考えてください。添え字は(行,列)で表されます。

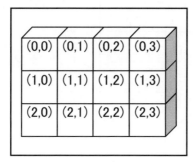

構文

　　　Dim　配列名(行数-1,列数-1)　As　データ型

　　　意味・・・2次元配列。

「Dim Hako(2, 3) As Long」と設定すると、前頁の図のような配列が 12 個できます。

例題9-2

9×9 の値を 2 次元配列に代入して、表示するプログラムを作成してみましょう。

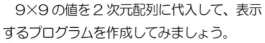

```
Sub  例題92()
'変数の型宣言
    Dim Kazu(8, 8) As Integer
    Dim i As Integer
    Dim j As Integer
'計算
    For i = 0 To 8
        For j = 0 To 8
            Kazu(i, j) = (i + 1) * (j + 1)
        Next j
    Next i
'表示
    For i = 0 To 8
        For j = 0 To 8
            Cells(i + 4, j + 2).Value = Kazu(i, j)
        Next j
    Next i
End Sub
```

実行結果

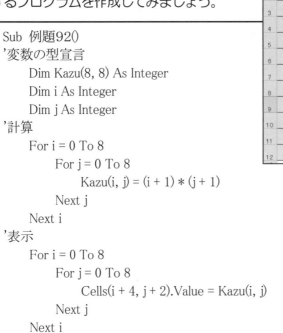

例題9-3

例題9-1のデータを点数が高い順に、順位と学籍番号(配列名：No、文字列型)と
点数(配列名：Ten、整数型)を並べ替えて表示するプログラムを作成しましょう。表示
はシート名「順位表」に実行結果のように表示されるようにしましょう。変数中iと
jはカウンタとし、WorkとWorkNは作業領域とします。

```
Sub 例題93()
'変数の型宣言
    Dim No(19) As String
    Dim Ten(19) As Integer
    Dim i As Integer
    Dim j As Integer
    Dim Work As Integer
    Dim WorkN As String
'代入
    Worksheets("Sheet1").Select
    For i = 0 To 19
        No(i) = Cells(4 + i, 1).Value
        Ten(i) = Cells(4 + i, 2).Value
    Next i
'整列
    For i = 0 To 18
        For j = 19 To i + 1 Step − 1
            If Ten(i) < Ten(j) Then
                Work = Ten(i)
                Ten(i) = Ten(j)
                Ten(j) = Work
                WorkN = No(i)
                No(i) = No(j)
                No(j) = WorkN
            End If
        Next j
    Next i
'表示
    Worksheets("順位表").Select
    For i = 0 To 19
        Cells(4 + i, 1).Value = i + 1
        Cells(4 + i, 2).Value = No(i)
        Cells(4 + i, 3).Value = Ten(i)
    Next i
End Sub
```

実行結果

	A	B	C	D
1				
2		順位表		
3	順位	学籍番号	点数	
4	1	1011	100	
5	2	1014	100	
6	3	1015	100	
7	4	1018	100	
8	5	1016	90	
9	6	1009	90	
10	7	1007	80	
11	8	1002	80	
12	9	1003	80	
13	10	1013	80	
14	11	1019	80	
15	12	1020	80	
16	13	1017	70	
17	14	1012	70	
18	15	1001	60	
19	16	1006	50	
20	17	1004	50	
21	18	1008	50	
22	19	1005	50	
23	20	1010	50	
24				

Sheet1　順位表

　並べ替えは、バブルソートという方法を使っています。下記にバブルソートの方法と配列を交換するプログラムを説明します。

参考　＜バブルソート＞

　バブルソートは隣どうしの要素を比較しながら交換していく方法です。比較して、順番が違っていればお互いの位置を交換します。例えば、配列 Dat の要素 2、8、4、10、3 を大きい順に整列するとします。

＜方法＞
```
    Max は配列の要素数
    For i = 0 To Max－2
        For j = Max－1 To i ＋ 1
                Dat(j－1)と Dat(j)を比較します。
                    Dat(j－1)の方が小さい場合は交換
                    Dat(j－1)の方が大きい場合はそのまま
        Next j
    Next i
```

　具体的にみていきましょう。

（1）1 回目(i=0)

①5 番目と 4 番目を比較します。4 番目の方が大きいのでそのまま。

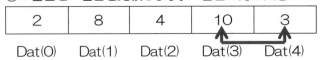

②4 番目と 3 番目を比較します。3 番目の方が小さいので交換します。

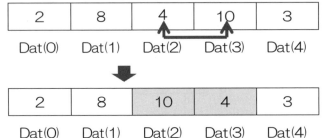

③3 番目と 2 番目を比較します。2 番目の方が小さいので交換します。

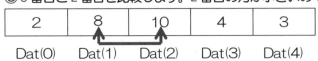

2	10	8	4	3
Dat(0)	Dat(1)	Dat(2)	Dat(3)	Dat(4)

④2番目と1番目を比較します。2番目の方が小さいので交換します。

2	10	8	4	3
Dat(0)	Dat(1)	Dat(2)	Dat(3)	Dat(4)

10	2	8	4	3
Dat(0)	Dat(1)	Dat(2)	Dat(3)	Dat(4)

⑤1番目が1番大きい数に決まります。

10	2	8	4	3
Dat(0)	Dat(1)	Dat(2)	Dat(3)	Dat(4)

（2）2回目(i=1)

①5番目と4番目を比較します。4番目の方が大きいのでこのまま。

10	2	8	4	3
Dat(0)	Dat(1)	Dat(2)	Dat(3)	Dat(4)

②4番目と3番目を比較します。3番目の方が大きいのでこのまま。

10	2	8	4	3
Dat(0)	Dat(1)	Dat(2)	Dat(3)	Dat(4)

③3番目と2番目を比較します。2番目の方が小さいので交換します。

10	2	8	4	3
Dat(0)	Dat(1)	Dat(2)	Dat(3)	Dat(4)

10	8	2	4	3
Dat(0)	Dat(1)	Dat(2)	Dat(3)	Dat(4)

④2番目のデータが2番目に大きな数になります。

10	8	2	4	3
Dat(0)	Dat(1)	Dat(2)	Dat(3)	Dat(4)

（3）3回目(i=2)

①5番目と4番目を比較します。4番目の方が大きいのでそのまま。

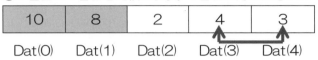

②4番目と3番目を比較します。3番目の方が小さいので交換します。

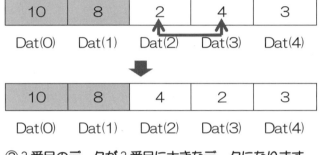

③3番目のデータが3番目に大きなデータになります。

10	8	4	2	3
Dat(0)	Dat(1)	Dat(2)	Dat(3)	Dat(4)

（4）4回目(i=3)

①5番目と4番目を比較します。4番目の方が小さいので交換します。

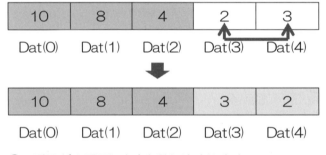

②4番目が4番目に大きな数に決まります。

10	8	4	3	2
Dat(0)	Dat(1)	Dat(2)	Dat(3)	Dat(4)

参考 ＜交換のプログラム＞

　例えば、変数x（値10が入っています）と、変数y（値100が入っています）の値を交換します。

変数x	変数y
10	100

そのためにはダミーの変数wを用意します。

変数
w

<方法>
① 変数 x の値を変数 w に入れます。　　w = x
② 変数 y の値を変数 x に入れます。　　x = y
③ 変数 w の値を変数 y に入れます。　　y = w

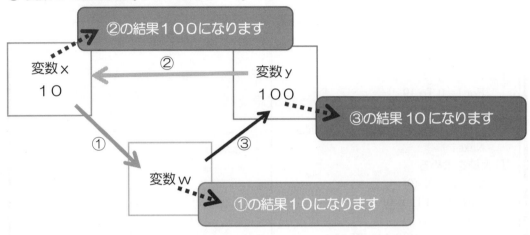

例題9-4

　次の表の学籍番号(配列名：No、文字列型、要素数 20 個)と通学時間(分)(配列名：TTime、整数型、要素数 20 個)のデータから、一番通学時間が遠い人の学籍番号(変数名：MaxNo、文字列型)と通学時間(変数名：MaxTT、整数型)を表示するプログラムを作成しましょう。人数は 20 人とわかっているものとします。

	A	B	C	D	E	F
1	通学時間一覧					
3	学籍番号	通学時間			学籍番号	通学時間
4	19s001	90		一番遠い学生		
5	19s002	60				
6	19s003	10				
7	19s004	40				
8	19s005	80				
9	19s006	50				
10	19s007	70				
11	19s008	90				
12	19s009	100				
13	19s010	90				
14	19s011	80				
15	19s012	10				
16	19s013	90				
17	19s014	40				
18	19s015	10				
19	19s016	10				
20	19s017	30				
21	19s018	70				
22	19s019	120				
23	19s020	90				

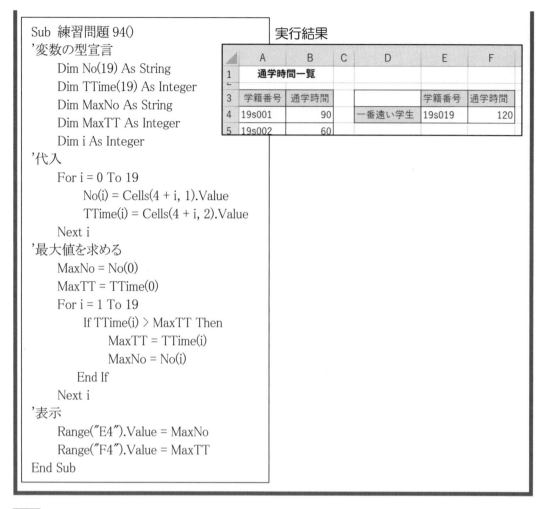

```
Sub  練習問題 94()
    '変数の型宣言
        Dim No(19) As String
        Dim TTime(19) As Integer
        Dim MaxNo As String
        Dim MaxTT As Integer
        Dim i As Integer
    '代入
        For i = 0 To 19
            No(i) = Cells(4 + i, 1).Value
            TTime(i) = Cells(4 + i, 2).Value
        Next i
    '最大値を求める
        MaxNo = No(0)
        MaxTT = TTime(0)
        For i = 1 To 19
            If TTime(i) > MaxTT Then
                MaxTT = TTime(i)
                MaxNo = No(i)
            End If
        Next i
    '表示
        Range("E4").Value = MaxNo
        Range("F4").Value = MaxTT
End Sub
```

実行結果

	A	B	C	D	E	F
1	通学時間一覧					
3	学籍番号	通学時間			学籍番号	通学時間
4	19s001	90		一番遠い学生	19s019	120
5	19s002	60				

参考 ＜配列の要素の最大値を求める＞

　最大値を求めるには、まず最終的に最大値が入る変数 MaxTT を用意し、配列 TTime の 0 番目のデータを代入しておきます。その変数 MaxTT と他の要素を比較し、MaxTT より大きい場合は MaxTT にその要素を代入していきます。

4. 配列のインデックス番号の取得

　配列のインデックス番号のうち最小番号は LBound 関数、最大番号は UBound 関数で取り出せます。

構文
　　LBound 関数
　　　意味：配列のインデックス番号の最小値を取得
　　UBound 関数
　　　意味：配列のインデックス番号の最大値を取得

5．Array関数

Array 関数は、配列にまとめてデータを入れておけます。ただ、この関数を利用する場合は、データの型を Variant とします。また、要素数を固定することはできないので、動的配列になります（動的配列については「7．動的配列」で説明します）。

構文

配列名=Array(要素 1,要素 2,・・・・)

意味・・・一度にデータを配列に格納します。

例題9-5

配列 Hyouka に評価を格納し、表示するプログラムを作成しましょう。

```
Sub  例題 95()
'変数の型宣言
    Dim i As Integer
    Dim Hyouka As Variant
'配列に代入
    Hyouka = Array("A", "B", "C", "D")
'表示
    For i = LBound(Hyouka) To UBound(Hyouka)
        Cells(3 + i, 2).Value = Hyouka(i)
    Next i
End Sub
```

	A	B
1		
2	評価	
3	80点以上	
4	70〜79	
5	60〜69	
6	60点未満	
7		

実行結果

	A	B
1		
2	評価	
3	80点以上	A
4	70〜79	B
5	60〜69	C
6	60点未満	D
7		

6．セルの値をそのまま配列に格納する

セルの値をそのまま配列に格納することも可能です。ただ、Array 関数と同様で、データ型は Variant 型になります。代入する配列は 2 次元配列でなければならないことに注意しましょう。次の例はセル A4 からセル A11 のデータを配列 Animal に格納して、表示しています。

例題9-6

セル A3 からセル A9 までのデータを配列 Animal に格納して、表示するプログラムを作成しましょう。

```
Sub  例題96()
'変数の型宣言
    Dim Animal As Variant
'代入
    Animal = Range("A3:A9").Value
'表示
    For i = 1 To UBound(Animal)
        MsgBox Animal(i, 1)
    Next i
    Range("C3:C9").Value = Animal
End Sub
```

	A	B
1		
2		
3	パンダ	
4	きりん	
5	マントヒヒ	
6	ぞう	
7	さる	
8	ライオン	
9	ゴリラ	

実行結果

	A	B	C
1			
2			
3	パンダ		パンダ
4	きりん		きりん
5	マントヒヒ		マントヒヒ
6	ぞう		ぞう
7	さる		さる
8	ライオン		ライオン
9	ゴリラ		ゴリラ
10			

7．動的配列

　動的配列とは、要素数が固定されていない配列です。プログラムの実行中に、要素が増加するような場合、または、プログラムを作成する時点では、いくつの要素を格納するかわからない場合に利用します。今まで勉強した配列は静的配列で要素数をはじめに指定しますが、動的な配列は「Dim Kazu( ) As Integer」のように括弧だけを書き、宣言時に要素数－1を指定しません。動的配列は、このように宣言時点では要素数が確定していないので、宣言しただけではまだ使えません。そこで、要素数を定義する必要があります。そのとき使うのが ReDim ステートメントです。

> **構文**
>
> 　　ReDim [Preserve] 動的配列名
>
> 　　意味・・・動的配列の要素数を変更します。

例題9-7

次のプログラムを作成し、実行しましょう。

```
Sub 例題97()
'変数の型宣言
    Dim i As Integer
'配列の宣言
    Dim Animal() As String
'要素設定
    ReDim Animal(2)
'配列に格納
    Animal(0) = "パンダ"
    Animal(1) = "きりん"
    Animal(2) = "マントヒヒ"
'確かめ1・・・
    For i = 0 To 2
        MsgBox i + 1 & "番目は" & Animal(i)
    Next i
'要素設定
    ReDim Animal(3)
'配列に格納
    Animal(3) = "ぞう"
'確かめ2・・・
    For i = 0 To 3
        MsgBox i + 1 & "番目は" & Animal(i)
    Next i
End Sub
```

　このプログラムを実行すると、確かめ1のMsgBoxでは「1番目はパンダ」「2番目はきりん」「3番目はマントヒヒ」と表示されますが、確かめ2のMsgBoxでは「1番目は」「2番目は」「3番目は」「4番目はぞう」と表示されAnimal(0)～Animal(2)の配列のデータは消えています。このようにReDimステートメントは、配列を初期化します。前のデータを残して、配列の要素数を増やすためには次の例題9-8のようにReDim Preserveと設定します。

例題9-8

例題9-7のプログラムのReDim Animal(3)にPreserveをつけ、ReDim Preserve Animal(3)と変更してプログラムを実行してみましょう。

```
Sub 例題 98()
'変数の型宣言
    Dim i As Integer
'配列の宣言
    Dim Animal() As String
'要素設定
    ReDim Animal(2)
'配列に格納
    Animal(0) = "パンダ"
    Animal(1) = "きりん"
    Animal(2) = "マントヒヒ"
 '確かめ 1・・・
    For i = 0 To 2
        MsgBox i + 1 & "番目は" & Animal(i)
    Next i
'要素設定
    ReDim Preserve Animal(3)
'配列に格納
    Animal(3) = "ぞう"
 '確かめ 2・・・
    For i = 0 To 3
        MsgBox i + 1 & "番目は" & Animal(i)
    Next i
End Sub
```

　結果は、確かめ 2 の MsgBox では「1 番目はパンダ」「2 番目はきりん」「3 番目はマントヒヒ」「4 番目はぞう」と表示されます。このように、元もデータを残したい場合は、ReDim Preserve とします。

8. For Each〜Next ステートメント

　配列の要素を利用した繰り返し処理では For Each〜Next ステートメントを利用する方が便利です。

構文

　For　Each　変数　In　配列名
　　　繰り返し処理
　Next　変数

意味・・・配列の各要素に対して繰り返し処理を行います。

例題9-9

例題 9-6 のプログラムを For Each〜Next を使ってプログラムを作成しましょう。

```
Sub　例題 99()
'変数の型宣言
    Dim Animal As Variant
    Dim Member As Variant
'代入
    Animal = Range("A3:A9").Value
'表示
    For Each Member In Animal
        MsgBox Member
    Next Member

    Range("C3:C9").Value = Animal

End Sub
```

	A	B
1		
2		
3	パンダ	
4	きりん	
5	マントヒヒ	
6	ぞう	
7	さる	
8	ライオン	
9	ゴリラ	

実行結果

	A	B	C
1			
2			
3	パンダ		パンダ
4	きりん		きりん
5	マントヒヒ		マントヒヒ
6	ぞう		ぞう
7	さる		さる
8	ライオン		ライオン
9	ゴリラ		ゴリラ

練習問題9-1

　例題9-4を、一番通学時間が近い人の学籍番号(変数名：MinNo，文字列型)とその通学時間(変数名：MinTT，整数型)を求めるプログラムを作成しましょう。

```
Sub 練習問題 91()
'変数の型宣言
    Dim No(19) As String
    Dim TTime(19) As Integer
    Dim MinNo As String
    Dim MinTT As Integer
    Dim i As Integer
'代入
    For i = 0 To 19
        No(i) = Cells(4 + i, 1).Value
        TTime(i) = Cells(4 + i, 2).Value
    Next i
'最小値を求める
    MinNo = No(0)



                    ア



'表示
    Range("E7").Value = MinNo
    Range("F7").Value = MinTT
End Sub
```

実行結果

	A	B	C	D	E	F
1	通学時間一覧					
3	学籍番号	通学時間			学籍番号	通学時間
4	19s001	90		一番遠い学生	19s019	120
5	19s002	60				
6	19s003	10			学籍番号	通学時間
7	19s004	40		一番近い学生	19s003	10

10　サブプロシージャの呼び出し

１．引数がない場合のサブプロシージャの呼び出し

　長いプログラムや、同じような処理を何回も行うような場合、小さなプログラムに独立させて、その小さなプログラムを呼び出して使うことをよく行います。独立させるには、サブプロシージャ名を付けて Sub から End Sub の中に入力します。

> **構文**
>
> 　　Sub　サブプロシージャ名(　)
> 　　　　プログラム
> 　　End　Sub
>
> 　**意味・・・引数がない場合のサブプロシージャ。**

　この独立したサブプロシージャを呼び出すには、呼び出したい箇所でそのサブプロシージャ名を表示します。

> **構文**
>
> 　　　　プロシージャ名
> 　　または
> 　　　　Call　プロシージャ名
>
> 　**意味・・・引数がない場合のサブプロシージャの呼び出し。**

　次頁の図では、プロシージャ名「例題」で「BoldColor」という別のサブプロシージャを呼び出して処理を行っています。例題の中でプログラムが「BoldColor」のところまで来ると、「BoldColor」というサブプロシージャがないか探します。見つかる（①）と、「BoldColor」の中に入りプログラムを実行します（②）。終了すると（③）、呼び出された「例題」のところの「BoldColor」に戻ります（④）。

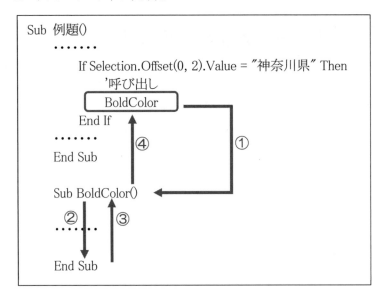

```
Sub 例題()
    ‥‥‥
        If Selection.Offset(0, 2).Value = "神奈川県" Then
            '呼び出し
            BoldColor
        End If
    ‥‥‥
    End Sub

Sub BoldColor()

    ‥‥‥

End Sub
```

例題１０-1

　名簿の住所が神奈川県の場合、学籍番号を太字、赤い字にするプログラムをプロシージャ名 BoldColor として独立して呼び出すプログラムを作成しましょう。

	A	B	C
1		名簿	
2			
3	学籍番号	氏名	住所
4	19s001	飯島	東京都
5	19s002	池田	神奈川県
6	19s003	上野	千葉県
7	19s004	榎木	東京都
8	19s005	小川	神奈川県
9	19s006	河合	埼玉県
10	19s007	北原	東京都
11	19s008	工藤	神奈川県
12	19s009	小林	埼玉県
13	19s010	斎藤	東京都
14	19s011	佐藤	東京都
15	19s012	島田	神奈川県
16	19s013	須田	埼玉県
17	19s014	染谷	東京都
18	19s015	田中	神奈川県

```
Sub 例題101()
'判定
    Range("A4").Select
    Do While IsEmpty(Selection.Value) = False
        If Selection.Offset(0, 2).Value = "神奈川県" Then
        '呼び出し
            BoldColor
        End If
        Selection.Offset(1, 0).Select
    Loop
End Sub

Sub BoldColor ()
'強調
    Selection.Font.Bold = True
    Selection.Font.ColorIndex = 3
End Sub
```

実行結果

	A	B	C
1	名簿		
3	学籍番号	氏名	住所
4	19s001	飯島	東京都
5	**19s002**	池田	神奈川県
6	19s003	上野	千葉県
7	19s004	榎木	東京都
8	**19s005**	小川	神奈川県
9	19s006	河合	埼玉県
10	19s007	北原	東京都
11	**19s008**	工藤	神奈川県
12	19s009	小林	埼玉県
13	19s010	斎藤	東京都
14	19s011	佐藤	東京都
15	**19s012**	島田	神奈川県
16	19s013	須田	埼玉県
17	19s014	染谷	東京都
18	**19s015**	田中	神奈川県

２．引数がある場合のサブプロシージャ

　数学の試験の平均点を出す場合と国語の試験の平均点を出す場合、同じ平均点を出す処理ですが、データが違っています。このような場合、必要な情報(この場合は、数学や国語の点数)を送ってあげるようにすれば、同じプログラムを利用できるのではないか。これが引数がある場合のサブプロシージャになります。その場合、サブプロシージャに、必要な情報を受け取る入口が必要となります。それが仮引数です。

構文
　　Sub　サブプロシージャ名(仮引数1　As 型,仮引数2　As 型・・・)
　　　プログラム
　　End　Sub
　　意味・・・引数がある場合のサブプロシージャの作成。

　呼び出す側では、渡す値を実引数といい、サブプロシージャ名の右側に表記します。

構文

　　　サブプロシージャ名　実引数 1，実引数 2,・・・

　　　　　または

　　　Call　サブプロシージャ名(実引数 1,実引数 2,・・・)

　意味・・・引数がある場合のサブプロシージャの呼び出し。

　実引数 1,実引数 2,・・・と仮引数 1,仮引数 2,・・・はそれぞれ順番に対応しています。そのため対応している仮引数と実引数の型は一致していなければなりません。

　下の例題では、実行順序は①→②→③→④となります。

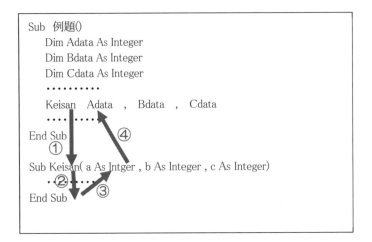

　実引数 Adata は仮引数 a に、実引数 Bdata は仮引数 b に、実引数 Cdata は仮引数 c に対応しています。

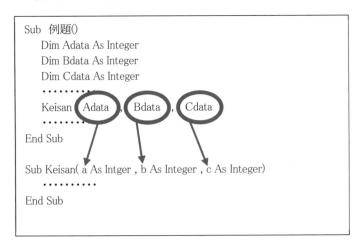

例題１０-２

初期値(変数名：First、長整数型)と終了値(変数名：Last、長整数型) (初期値<終了値)を入力して、合計、奇数の値の合計、偶数の値の合計をそれぞれ計算するプログラムを作成しましょう。ここで、合計は変数名 Goukei で長整数型とし、For ステートメントで使う増分値を変数 SP で長整数型とします。

	A	B
1		
2	初期値	1
3	終了値	100
4		
5	合計	
6		
7	奇数の値の合計	
8		
9	偶数の値の合計	
10		

● サブプロシージャ名 Keisan

実引数 初期値(長整数型)，終了値(長整数型)，
　　　　ステップ(長整数型)，合計(長整数型)

仮引数 a(長整数型)， b(長整数型)，
　　　　c (長整数型)， d(長整数型)

```
Sub 例題 102()
'変数の型宣言
    Dim First As Long
    Dim Last As Long
    Dim Goukei As Long
    Dim SP As Long

'代入
    First = Range("B2").Value
    Last = Range("B3").Value
'合計計算
    SP = 1
    Keisan First, Last, SP, Goukei
    Range("B5").Value = Goukei
'奇数計算
    SP = 2
    If (First Mod 2) = 0 Then
        Keisan First + 1, Last, SP, Goukei
    Else
        Keisan First, Last, SP, Goukei
    End If

    Range("B7").Value = Goukei
'偶数計算
    SP = 2
    If (First Mod 2) <> 0 Then
        Keisan First + 1, Last, SP, Goukei
    Else
        Keisan First, Last, SP, Goukei
    End If
'表示
    Range("B9").Value = Goukei
End Sub
```

```
Sub Keisan(a As Long, b As Long, c As Long, d As Long)
'変数の型宣言
    Dim i As Integer
'初期設定
    d = 0
'計算
    For i = a To b Step c
        d = d + i
    Next i
End Sub
```

実行結果

	A	B
1		
2	初期値	1
3	終了値	100
4		
5	合計	5050
6		
7	奇数の値の合計	2500
8		
9	偶数の値の合計	2550
10		

３．ByVal と ByRef

　サブプロシージャを作成する際、サブプロシージャ名(仮引数 1 As 型,仮引数 2 As 型・・・)としてきました。本来、仮引数の前に ByVal か ByRef の宣言が必要です。ByVal は「値渡し」と呼ばれ、サブプロシージャに値を提供するだけで、元のサブプロシージャに影響することはありません。ByRef は「参照渡し」と呼ばれ、変数を渡されたサブプロシージャ側で引数の値を変更すると、呼び出し元のサブプロシージャの変数の値も変わります。上記例題のように省略、すなわちデフォルト状態では、ByRef になっています。

例題10-3

次のプログラムを作成して ByVal と ByRef の違いを確かめましょう。

```
Sub 例題103()
'変数の型宣言
    Dim a As Integer
    Dim b As Integer
'代入
    a = 10
    b = 25
'表示
    Range("B3").Value = a
    Range("B4").Value = b
'計算
    Keisan1 a, b
'表示
    Range("B7").Value = a
    Range("B8").Value = b
'計算
    Keisan2 a, b
'表示
    Range("B11").Value = a
    Range("B12").Value = b
End Sub


Sub Keisan1(ByRef a As Integer, ByRef b As Integer)
    a = 100
    b = 200
End Sub

Sub Keisan2(ByVal a As Integer, ByVal b As Integer)
    a = 10000
    b = 20000
End Sub
```

	A	B
1		
2	最初の値	
3	a=	10
4	b=	25
5		
6	ByRefの結果	
7	a=	
8	b=	
9		
10	ByValの結果	
11	a=	
12	b=	
13		

実行結果

	A	B
1		
2	最初の値	
3	a=	10
4	b=	25
5		
6	ByRefの結果	
7	a=	100
8	b=	200
9		
10	ByValの結果	
11	a=	100
12	b=	200
13		

　このプログラムを実行すると、ByRef 指定の変数はサブプロシージャの中で変更すると、変更された値が元の呼び出した側に反映されるのに対して、ByVal 指定の変数はサブプロシージャの中で変更しても、元の呼び出した側では変更は反映されません。

４．ファンクションプロシージャ

　Excel にはたくさんの関数が用意されていますが、いざ使おうとするとき、全てが揃っているわけではありません。VBA では独自の関数を作成することができます。それがファンクションプロシージャです。引数の使い方はサブプロシージャと同じです。

構文

　　　Function　ファンクションプロシージャ名(仮引数 1　As　型,・・・)　As　型
　　　・・・・・・・
　　　　　　ファンクションプロシージャ名=計算式
　　　・・・・・
　　　End　Function
　　意味・・・引数がある場合のファンクションプロシージャの作成。

　ファンクションプロシージャを呼び出すには、呼び出したい箇所でファンクションプロシージャ名(実引数 1,実引数 2,・・・)と表します。

構文

　　　ファンクションプロシージャ名(実引数 1,・・・)
　　意味・・・引数がある場合のファンクションプロシージャの呼び出し。

　サブプロシージャはそれ自体が値を持って呼び出したプログラムに戻ります。そのためファンクションプロシージャ自体が型を宣言され、それ自体が変数に代入されます。
　次の例題を参考にしてファンクションプロシージャの使い方を見ていきましょう。実行は①→②→③→④の順序で進みますが、④で戻るとき Keisan は何らかの値を持っていて Cdata に代入されます。

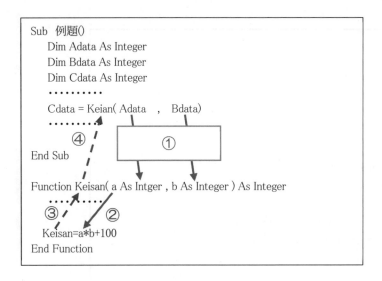

```
Sub  例題()
    Dim Adata As Integer
    Dim Bdata As Integer
    Dim Cdata As Integer
    ‥‥‥‥‥
    Cdata = Keian( Adata  ,  Bdata)
    ‥‥‥‥
        ④                    ①

End Sub

Function Keisan( a As Intger , b As Integer ) As Integer
    ‥‥‥‥
      ③        ②

    Keisan=a*b+100
End Function
```

例題１０-４

　１つの商品を５個以上 10 個未満まとめ買いをすると１割引、10 個以上まとめ買いをすると２割引になるとして、金額(変数名：Kei、長整数型)を計算するプログラムをファンクションプロシージャを使って作成しましょう。ここで、単価は変数名 Tanka で長整数型とし、個数は変数名 Kosu で長整数型とします。

● ファンクションプロシージャ名 Kingaku(長整数型)：金額を返します。

実引数　単価(長整数型)，個数(長整数型)

仮引数　ｘ(長整数型)，ｙ(長整数型)

	A	B	C	D
1	詳細計算			
2				
3	商品名	単価	個数	金額
4	クリームパン	150	3	
5	あんぱん	150	2	
6	ジャムパン	130		
7	ドーナッツ	180	12	
8	ピザパン	250	5	
9	メロンパン	250	20	
10	クロワッサン	150		
11	ロールパン	100		

```
Sub 例題 104()
'変数の型宣言
    Dim Tanka As Long
    Dim Kosu As Long
    Dim Kei As Long
    Dim i As Integer
'C4 セルを選択
    Range("C4").Select
    For i = 1 To 8
        '代入
        Tanka = Selection.Offset(0, -1).Value
        If IsEmpty(Selection.Value) = True Then
            Kosu = 0
        Else
            Kosu = Selection.Value
        End If
        '計算
        Kei = Kingaku(Tanka, Kosu)
        '表示
        Selection.Offset(0, 1).Value = Kei
        '次のステップへ
        Selection.Offset(1, 0).Select
    Next i
End Sub
Function Kingaku(x As Long, y As Long)  As  Long
'変数の型宣言
    Dim Ritu As Single
'計算
    If y >= 10 Then
        Ritu = 0.8
    ElseIf y >= 5 Then
        Ritu = 0.9
    Else
        Ritu = 1
    End If
    Kingaku = x * y * Ritu
End Function
```

実行結果

	A	B	C	D
1	詳細計算			
2				
3	商品名	単価	個数	金額
4	クリームパン	150	3	450
5	あんぱん	150	2	300
6	ジャムパン	130		0
7	ドーナッツ	180	12	1728
8	ピザパン	250	5	1125
9	メロンパン	250	20	4000
10	クロワッサン	150		0
11	ロールパン	100		0

例1

例題 10-4 で作成したファンクションプロシージャを Excel シートで関数として使ってみましょう。

① セル D4 に
「=Kingaku(B4,C4)」
と入力して、Enter キーを押します。途中まで入力すると、右図のように候補として Kingaku が表示されます。

	A	B	C	D	E
1	詳細計算				
2					
3	商品名	単価	個数	金額	
4	クリームパン	150	30	=ki	
5	あんぱん	150	20	Kingaku	
6	ジャムパン	130			
7	ドーナッツ	180			
8	ピザパン	250			
9	メロンパン	250			
10	クロワッサン	150			
11	ロールパン	100			

② セル D4 に結果が表示されたら、右下にマウスポインターを合わせてセル D11 まで式の複写を行います。

	A	B	C	D
1	詳細計算			
2				
3	商品名	単価	個数	金額
4	クリームパン	150	30	3600
5	あんぱん	150	20	2400
6	ジャムパン	130		0
7	ドーナッツ	180		0
8	ピザパン	250		0
9	メロンパン	250		0
10	クロワッサン	150		0
11	ロールパン	100		0
12				

５．配列を引数にする場合

　配列を引数にする場合、実引数はそのままですが、仮引数には括弧「()」を付けます。

サブプロシージャの場合

構文

　　　Sub　サブプロシージャ名(・・・, 仮引数配列1()　As　型, ・・・)
　　　・・・・・・・・・・・・・・・・・
　　　End Sub

ファンクションプロシージャの場合

構文

Function　ファンクションプロシージャ名(・・・, 仮引数配列1()　As　型, ・・・)As　型
　　　・・・・・・・・・・・・・・・
End Sub

例2

　下記は配列 data を実引数とし、サブプロシージャ Keisan に渡して合計を求めるプログラムです。

```
Sub 例2()
'変数の型宣言
    Dim data(3) As Integer
    Dim Kei As Integer
'代入
    data(0) = 100
    data(1) = 120
    data(2) = 90
    data(3) = 80
'計算：呼び出し
    Keisan data, Kei
'表示
    MsgBox "合計=" & Kei
End Sub
Sub Keisan(d() As Integer, k As Integer)
'変数の型宣言
    Dim i As Integer
'計算
    k = 0
    For i = 0 To 3
        k = k + d(i)
    Next i
End Sub
```

例題１０-５

　例題9-1 のプログラムを次のサブプロシージャを用いて作成しましょう。
● サブプロシージャ名 KeisanAve：平均を計算します。
　実引数　点数(配列，整数型)，平均(単精度浮動小数点型)，人数(=20，整数型)
　仮引数　t(配列，整数型)，a(単精度浮動小数点型)，n(整数型)
● サブプロシージャ名 KeisanSd：標準偏差を求めます。
　実引数　点数(配列，整数型)，平均(単精度浮動小数点型)，標準偏差(単精度浮動小数点型)，人数(=20，整数型)
　仮引数　t(配列，整数型)，a(単精度浮動小数点型)，d(単精度浮動小数点型)，n(整数型)
● サブプロシージャ名 KeisanHensa：偏差値を求めます。
　実引数　点数(配列，整数型)，平均(単精度浮動小数点型)，標準偏差(単精度浮動小数点型)，偏差値(単精度浮動小数点型)，人数(=20，整数型)

仮引数　t(配列，整数型)，a(単精度浮動小数点型)，d(単精度浮動小数点型)，h(配列)，n(整数型)

```
Sub 例題 105()
'変数の型宣言
    Dim Ten(19) As Integer
    Dim Dev(19) As Single
    Dim Ave As Single
    Dim Sd As Single
    Dim i As Integer
'代入
    For i = 0 To 19
        Ten(i) = Cells(4 + i, 2).Value
    Next i
'平均
    KeisanAve Ten, Ave, 20
'標準偏差
    KeisanSd Ten, Ave, Sd, 20
'偏差値
    KeisanHensa Ten, Ave, Sd, Dev, 20
'表示
    Range("F4").Value = Ave
    Range("F5").Value = Sd
    For i = 0 To 19
        Cells(4 + i, 3).Value = Dev(i)
    Next i
End Sub
```

実行結果

	A	B	C	D	E	F
1	模擬試験結果一覧表					
2						
3	学籍番号	点数	偏差値			
4	1001	60	41.398838		平均値	75.5
5	1002	80	52.4971123		標準偏差	18.02082
6	1003	80	52.4971123			
7	1004	50	35.8497009			
8	1005	50	35.8497009			
9	1006	50	35.8497009			
10	1007	80	52.4971123			
11	1008	50	35.8497009			
12	1009	90	58.0462494			
13	1010	50	35.8497009			
14	1011	100	63.5953865			
15	1012	70	46.9479752			
16	1013	80	52.4971123			
17	1014	100	63.5953865			
18	1015	100	63.5953865			
19	1016	90	58.0462494			
20	1017	70	46.9479752			
21	1018	100	63.5953865			
22	1019	80	52.4971123			
23	1020	80	52.4971123			

```
Sub KeisanAve(t() As Integer, a As Single, n As Integer)
'変数の型宣言
    Dim i As Integer
    a = 0
    For i = 0 To n − 1
        a = a + t(i)
    Next i
    a = a / n
End Sub


Sub KeisanSd(t() As Integer, a As Single, d As Single, n As Integer)
'変数の型宣言
    Dim i As Integer
    d = 0
    For i = 0 To n − 1
        d = d + (t(i) − a) ˆ 2
    Next i
    d = Sqr(d / n)
End Sub


Sub KeisanHensa(t() As Integer, a As Single, d As Single, h() As Single, n As Integer)
'変数の型宣言
    Dim i As Integer
    For i = 0 To n − 1
        h(i) = (t(i) − a) / d * 10 + 50
    Next i
End Sub
```

例題１０-6

例題9-1のプログラムを次のファンクションプロシージャを用いて作成しましょう。
● ファンクションプロシージャ名 KeiAve(単精度浮動小数点型)：平均を計算し返します。
　実引数　点数(配列，整数型)，人数(=20，整数型)
　仮引数　t(配列，整数型)，n(整数型)
● ファンクションプロシージャ名 KeiSd(単精度浮動小数点型)：標準偏差を計算して返します。
　実引数　点数(配列，整数型)，平均(単精度浮動小数点型)，人数(=20，整数型)
　仮引数　t(配列，整数型)，a(単精度浮動小数点型)，n(整数型)
● ファンクションプロシージャ名 KeiHensa(単精度浮動小数点型)：偏差値を計算して返します。
　実引数　点数(整数型)，平均(単精度浮動小数点型)，標準偏差(単精度浮動小数点型)，人数(=20，整数型)
　仮引数　t(整数型)，a(単精度浮動小数点型)，d(単精度浮動小数点型)，n(整数型)

```
Sub 例題106()
'変数の型宣言
    Dim Ten(19) As Integer
    Dim Dev(19) As Single
    Dim Ave As Single
    Dim Sd As Single
    Dim i As Integer
'代入
    For i = 0 To 19
        Ten(i) = Cells(4 + i, 2).Value
    Next i
'平均
    Ave = KeiAve(Ten, 20)
'標準偏差
    Sd = KeiSd(Ten, Ave, 20)
'偏差値
    For i = 0 To 19
        Dev(i) = KeiHensa(Ten(i), Ave, Sd)
    Next i
```

実行結果

	A	B	C	D	E	F
1	模擬試験結果一覧表					
2						
3	学籍番号	点数	偏差値			
4	1001	60	41.398838		平均値	75.5
5	1002	80	52.4971123		標準偏差	18.02082
6	1003	80	52.4971123			
7	1004	50	35.8497009			
8	1005	50	35.8497009			
9	1006	50	35.8497009			
10	1007	80	52.4971123			
11	1008	50	35.8497009			
12	1009	90	58.0462494			
13	1010	50	35.8497009			
14	1011	100	63.5953865			
15	1012	70	46.9479752			
16	1013	80	52.4971123			
17	1014	100	63.5953865			
18	1015	100	63.5953865			
19	1016	90	58.0462494			
20	1017	70	46.9479752			
21	1018	100	63.5953865			
22	1019	80	52.4971123			
23	1020	80	52.4971123			

```vba
'表示
    Range("F4").Value = Ave
    Range("F5").Value = Sd
    For i = 0 To 19
        Cells(4 + i, 3).Value = Dev(i)
    Next i
End Sub


Function KeiAve(t() As Integer, n As Integer) As Single
'変数の型宣言
    Dim i As Integer
    KeiAve = 0
    For i = 0 To n - 1
        KeiAve = KeiAve + t(i)
    Next i
    KeiAve = KeiAve / n
End Function


Function KeiSd(t() As Integer, a As Single, n As Integer) As Single
'変数の型宣言
    Dim i As Integer
    For i = 0 To n - 1
        KeiSd = KeiSd + (t(i) - a) ^ 2
    Next i
    KeiSd = Sqr(KeiSd / n)
End Function


Function KeiHensa(t As Integer, a As Single, d As Single) As Single
        KeiHensa = (t - a) / d * 10 + 50
End Function
```

練習問題１０-１

例題 7-4 のプログラムを次のようなサブプロシージャを使って作成しましょう。
サブプロシージャ名 Hyouka：欠席回数と点数で評価します。

実引数　欠席回数(整数型)，点数(整数型)，評価(文字列型)

仮引数　ab(整数型)，t(整数型)，ev(文字列型)

とします。

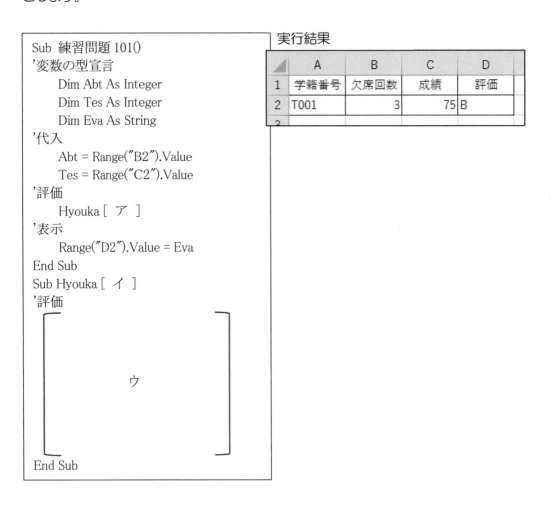

```
Sub 練習問題 101()
'変数の型宣言
    Dim Abt As Integer
    Dim Tes As Integer
    Dim Eva As String
'代入
    Abt = Range("B2").Value
    Tes = Range("C2").Value
'評価
    Hyouka [ ア ]
'表示
    Range("D2").Value = Eva
End Sub
Sub Hyouka [ イ ]
'評価
    ⎡


          ウ


    ⎣
End Sub
```

実行結果

	A	B	C	D
1	学籍番号	欠席回数	成績	評価
2	T001	3	75	B
3				

練習問題１０-２

練習問題 7-4 のプログラムを次のようなサブプロシージャを使って作成しましょう。

● サブプロシージャ名 Keisan：標準体重と BMI を求めます。

実引数　身長(単精度浮動小数点型)，体重(単精度浮動小数点型)，標準体重(単精度浮動小数点型)，BMI(単精度浮動小数点型)

仮引数 s(単精度浮動小数点型)，t(単精度浮動小数点型)，h(単精度浮動小数点型)，
b(単精度浮動小数点型)

● サブプロシージャ名：Hyouka：肥満度から評価します。

実引数 BMI(単精度浮動小数点型)，評価(文字列型)

仮引数 b(単精度浮動小数点型)，a(文字列型)

```
Sub 練習問題 102()
'変数の型宣言
    Dim Shin As Single
    Dim Tai As Single
    Dim Hyou As Single
    Dim Bmi As Single
    Dim Eva As String
'代入
    Shin = Range("C4").Value
    Tai = Range("C6").Value
'計算
    Keisan [ ア ]
'表示
    Range("C10").Value = Hyou
    Range("C12").Value = Bmi
'評価
    Hyouka [ イ ]
'評価の表示
    Range("B15").Value = Eva
End Sub
Sub Keisan[ ウ ]
  [      エ      ]

End Sub
Sub Hyouka[ オ ]
  [      カ      ]

End Sub
```

実行結果

	A	B	C	D	E
1					
2		あなたの身長と体重を入力してください			
3					
4		身長=	1.65	m	
5					
6		体重=	60	Kg	
7					
8		結果			
9					
10		標準体重=	59.8949966	Kg	
11					
12		BMI=	22.0385685		
13					
14					
15	評価	標準です。今の体重を保ちましょう。			
16					

練習問題１０-３

練習問題 7-4 のプログラムを次のようなファンクションプロシージャを使って作成しましょう。

● ファンクションプロシージャ名 Keisan(単精度浮動小数点型)：a*a*b の計算結果

を返します。標準体重と肥満度を求めます。

> 標準体重を求める場合：標準体重＝身長×身長×22

> BMI を求める場合：BMI＝体重÷身長÷身長

実引数 単精度浮動小数点型の２つの変数または数

仮引数 a(単精度浮動小数点型)，b(単精度浮動小数点型)

● ファンクションプロシージャ名 Hyouka(文字列型)：BMI に対する評価を返します。

実引数 BMI(単精度浮動小数点型)

仮引数 b(単精度浮動小数点型)

```
Sub 練習問題103()
'変数の型宣言
    Dim Shin As Single
    Dim Tai As Single
    Dim Hyou As Single
    Dim Bmi As Single
    Dim Eva As String
'代入
    Shin = Range("C4").Value
    Tai = Range("C6").Value
'計算
    Hyou = Keisan[ ア ]
    Bmi = Keisan[ イ ]
'表示
    Range("C10").Value = Hyou
    Range("C12").Value = Bmi
'評価
    Eva = Hyouka[ ウ ]
'評価の表示
    Range("B15").Value = Eva
End Sub
Function Keisan[ エ ]
    [ オ ]
End Function
Function Hyouka[ カ ]
    [
        キ
    ]
End Function
```

実行結果

	A	B	C	D	E
1					
2		あなたの身長と体重を入力してください			
3					
4		身長＝	1.65	m	
5					
6		体重＝	60	Kg	
7					
8			結果		
9					
10		標準体重＝	59.8949966	Kg	
11					
12		BMI＝	22.0335685		
13					
14					
15		評価	標準です。今の体重を保ちましょう。		
16					

練習問題10-4

練習問題9-4のプログラムを次のようなサブプロシージャを使って作成しましょう。

● サブプロシージャ名Max：通学時間が一番遠い人を求めます。

実引数 通学時間(配列，整数型)，学籍番号(配列，文字列型)，人数(整数型)，最大通学時間(整数型)，最大通学時間の人の学籍番号(文字列型)

仮引数 j(配列，整数型)，n(配列，文字列型)，s(整数型)，mj(整数型)，mn(文字列型)

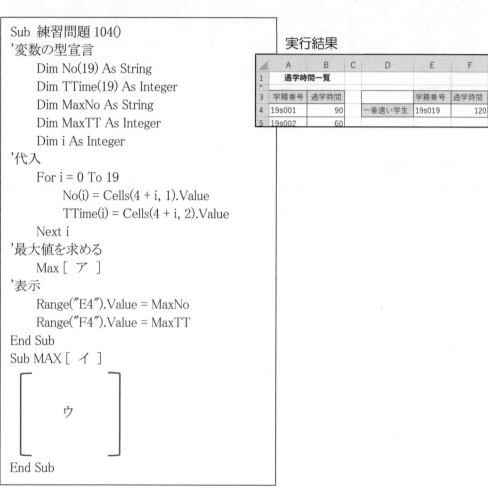

```
Sub 練習問題 104()
'変数の型宣言
    Dim No(19) As String
    Dim TTime(19) As Integer
    Dim MaxNo As String
    Dim MaxTT As Integer
    Dim i As Integer
'代入
    For i = 0 To 19
        No(i) = Cells(4 + i, 1).Value
        TTime(i) = Cells(4 + i, 2).Value
    Next i
'最大値を求める
    Max [ ア ]
'表示
    Range("E4").Value = MaxNo
    Range("F4").Value = MaxTT
End Sub
Sub MAX [ イ ]

        [
            ウ
        ]

End Sub
```

実行結果

	A	B	C	D	E	F
1	通学時間一覧					
3	学籍番号	通学時間			学籍番号	通学時間
4	19s001	90		一番遠い学生	19s019	120
5	19s002	60				

<補足>

例3

次の表の平均点と順位を Average 関数と Rank.EQ 関数を使って求めましょう。

	A	B	C	D	E	F	G	H	I	J	K	L
1					模擬試験成績表							
2												
3	学籍番号	氏名	1回目	2回目	3回目	4回目	5回目	6回目	平均点	順位	最大	最小
4	F1001	飯島	50	70	40	100	90	50				
5	F1002	池田	90	60	40	100	70	40				
6	F1003	上野	40	90	40	90	30	60				
7	F1004	江田	90	100	70	90	90	40				
8	F1005	小川	30	100	70	90	40	100				
9	F1006	川合	30	50	80	60	50	40				
10	F1007	木村	90	30	50	80	70	90				
11	F1008	工藤	30	30	40	80	100	90				
12	F1009	小林	60	50	60	30	100	90				
13	F1010	斎藤	50	80	40	70	100	60				
14	F1011	清水	90	40	100	40	90	80				
15	F1012	瀬戸	90	30	40	70	80	80				
16	F1013	染野	100	50	70	40	40	30				
17	F1014	田中	90	70	50	70	70	70				
18	F1015	千葉	30	40	90	50	80	40				
19		回数別平均点										
20												

（1）RC で表示

RC はセルの場所を示します。R は行、C は列を表します。「R2C3」はセル C2 を表しています。更に [ ] をつけると相対参照になります。もしセル C5 を選択しているとすると、「R[-1]C[1]」はセル D4 になります。

（2）書式の設定

書式は NumberFormatLocal プロパティで設定します。
#は桁を表し、ピリオド（.）は小数点、0 は小数点以下の桁数と小数点以下が 0 の時に 0 を表します。

```
Sub 例 3()
'変数の型宣言
    Dim i As Integer
'平均を求める
    For i = 4 To 18
        Cells(i, 9).Value = "=AVERAGE(RC[-6]:RC[-1])"
    Next i
'書式
    Range("I4:I18").NumberFormatLocal = "##.0"
End Sub
```

```
Sub 例 4()
'変数の型宣言
    Dim i As Integer
'順位
    For i = 4 To 18
        Cells(i, 10). Value = "=RANK.EQ(RC[-1],R4C9:R18C9,0)"
    Next i
End Sub
```

11 インターフェースの作成

1．インターフェースの作成手順

インターフェースを作ってみましょう。インターフェースを伴うプログラムの作成は以下の手順で行います。

（1）画面のデッサン

画面のデッサンはどこに文字を入れるか、どこにボタンを配置するかなどを大まかに作成します。ツールボックスからコマンドを選択して画面上にドラッグしていきます。

（2）画面の色付け

画面の色付けはプロパティで行います。色を付けたり、フォントを変更したり、コマンドに様々な装飾を行います。

（3）プログラムの作成

どのような動きを付けていくかを考えて、コードウィンドウに作成していきます。

（4）実行、バグ(エラー)とり

実行して、バグ(エラー)が出たら⑵と⑶に戻ってプログラムを修正していきます。

では、次の例題を使いながら、インターフェースとプログラムの作成を解説します。

例題１１−１

次のようなインターフェースを作成し、氏名を入力して「登録」ボタンを押したら、Excel の画面にデータが登録されるプログラムを作成しましょう。

2．画面の作成1

（1）ユーザーフォーム(UserForm)の作成

① VBE を開きます。

② 土台となるフォームを作成します。メニューバー「挿入」→「ユーザーフォーム」をクリックします。

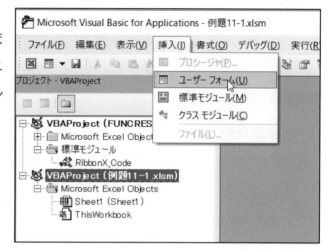

③ フォームが表示されます。

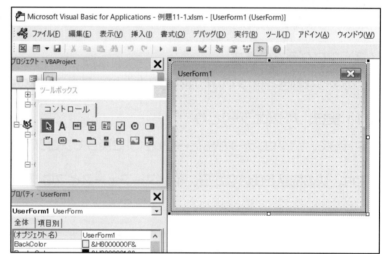

④ 少し画面を大きくしてみます。フォームの端の□にマウスポインターを合わせて白い矢印に変わったら、外側にドラッグします。

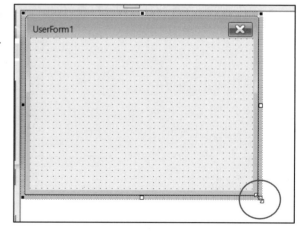

（2）ラベル(Label)の作成

ラベル(Label)はフォーム上の表示部分を作るコントロールです。

① ツールボックスの[ラベル]ボタンをクリックします。

UserForm にドラッグします。

② 大きさと位置を適宜修正します。

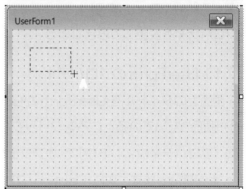

（3）コマンドボタン(CommandButton)の作成

コマンドボタンはフォーム上にボタンを作るコントロールです。

① ツールボックス「コマンドボタン」をクリックします。

② フォームにドラッグします。

③ 大きさと位置を適宜修正します。

④ もう1つ作成します。

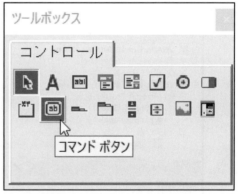

（4）テキストボックス(TextBox)の作成

テキストボックスはフォーム上に入力するボックスを作るコントロールです。

① ツールボックス「テキストボックス」をクリックします。

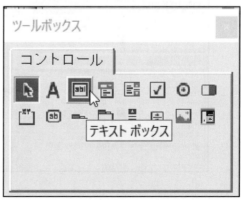

② フォームにドラッグします。

③ 大きさと位置を適宜修正します。

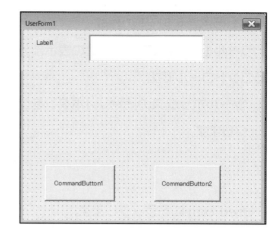

3．プロパティの変更1

プロパティを変更してみましょう。

（1）UserForm のプロパティ

画面上のタイトルを UserForm から「講習会名簿作成フォーム」に変更します。

① 画面の空いているところをクリックします。

② ［プロパティウィンドウ］で(オブジェクト名)プロパティが「UserForm1」であることを確認します。次に[Caption]プロパティを選択して隣の「UserForm」を「講習会名簿作成フォーム」と変更します。

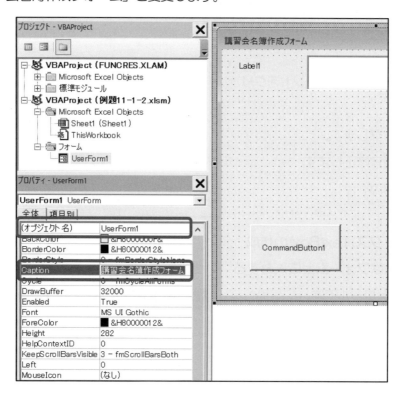

次に色を付けてみましょう。

③ [BackColor]プロパティを選択すると、右
側のボックスに▼が付くので、この▼をク
リックして、[パレット]タブを選択し、背景
の色を選択します。

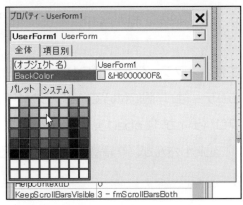

（2）ラベルのプロパティ

① [UserForm]上の[Label1]をクリックします。

② [プロパティウィンドウ] の(オブジェクト)プロパティが「Label1」であることを確
認して、[Caption]プロパティを選択して、右隣りに書かれている「Lanel1」を「氏
名」と修正します。

③ [BackColor]プロパティを選択し、背景の色を編集します。

④ [Font]プロパティを選択すると、右側のボックスにボタンが表示されるので、クリ
ックします。

⑤ [フォント]ダイアログボックスが表示されるので、フォント情報を修正して[OK]ボ
タンをクリックします。

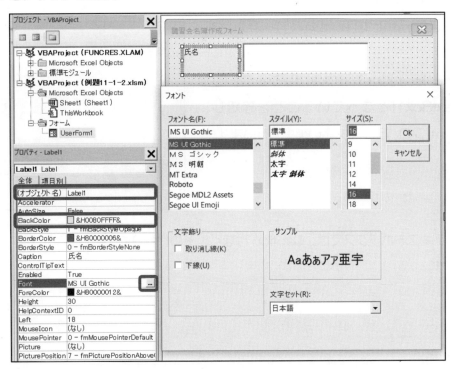

⑥　文字の色の変更は[ForeColor]プロパティで行います。

注意：(オブジェクト名)プロパティは、コントロールの名前を表しています。[Caption]プロパティは、洋服に付いているブランド名などの文字と考えてください。(オブジェクト名)プロパティが「Label1」、[Caption]プロパティが「学籍番号」としましたが、この場合「Lable1 さんが、学籍番号が書いてある洋服を着ている」という状態となります。

（3）コマンドボタンのプロパティ

①　[UserForm]上の[CommandButton1]をクリックします。

②　[プロパティ]ウィンドウの(オブジェクト名)プロパティが[CommandButton1]となっていることを確認して、[Caption]の右側の文字を「登録」と修正します。

③　[Font]プロパティで文字、[ForeColor]プロパティで文字の色、[BackColor]プロパティで背景の色の編集を行います。

④　更に[CommandButton2]も同様にプロパティを修正します。

（4）テキストボックスのプロパティ

①　[UserForm]上で[TextBox1]をクリックします。

②　[プロパティ]ウィンドウの(オブジェクト名)が[TextBox1]となっていることを確認し、[Font]プロパティで文字の編集を行います。

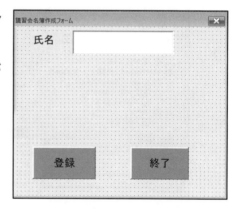

注意：テキストボックスでは、Caption はなく、その代わりに Text というプロパティがあります。

大切なコントロール

> Label・・・文字の表示
> CommandButton・・・ボタンの作成
> TextBox・・・フォームの作成
> UserForm・・・フォームの作成

大切なプロパティ

> Caption・・・文字表示の修正
> Font・・・フォントの修正
> ForeColor・・・文字の色の修正
> BackColor・・・背景の色の修正
> Text・・・TextBox の文字表示の修正

4．プログラムの作成１

（1）プログラムの作成

① [登録]ボタンをダブルクリックします。

② [コードウィンドウ]が開きます。

```
Private Sub CommandButton1_Click()

End Sub
```

③ 次の網掛けになっている
部分のプログラムを入力し
ます。

```
Private Sub CommandButton1_Click()
'TextBox1 を Excel シートに表示
    Selection.Value = TextBox1.Text
'次のステップを選択
    Selection.Offset(1, 0).Select
'TextBox1 をクリアします
    TextBox1.Text = ""
End Sub
```

（2）プログラムの考え方

① Private Sub CommandButton1_Click()

　Private とは私的なという意味があるように、このフォームでのみ有効という意味があります。CommandButton1_Click というサブプロシージャ名となっています。「CommandButton1 という名前のオブジェクトが Click されたら下のプログラムを実行してください」という形式でプログラムを作成します。このように動作（イベント）に伴ってプログラムを作成するプログラム手法をイベント駆動型といいます。フォーム作成に関してはこのようにイベント駆動型で作る場合が多いです。

② Selection.Value = TextBox1.Text

　TextBox1.Text は「TextBox1 というオブジェクト名の Text プロパティ」という意味です。全体の意味としては、「選択されているセルの値を TextBox1 の Text プロパティに書かれている内容にしてね」となります。

③ TextBox1.Text = ""

　「TextBox1 の Text プロパティを空白にしてね」という意味です。

5．プログラムの作成2

（1）プログラムの作成

　[終了]ボタンを作成していきます。

① フォームの画面に戻るには[プロジェクトエクスプローラウィンドウ]の[UserForm1]をダブルクリックします。

② UserForm 上の[終了]ボタンをダブルクリックします。

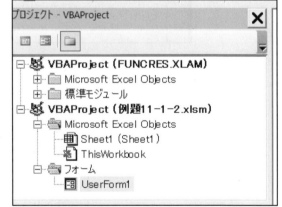

③ Private Sub CommandButton2_Click()～EndSub が表示されるのでその中に
次の網掛けのプログラムを入力します。

```
Private Sub CommandButton2_Click()
'終了
        Unload Me
End Sub
```

（2）プログラムの考え方
　Unload Me はプログラムを終了する命令です。

> **構文**
>
> 　　　　Unload Me
>
> **意味・・・プログラムを終了する命令です。**

6. プログラムの実行1

① プログラムを実行します。Excel シート上のセル A4 を選択しておきます。

② 実行ボタンをクリックします。

③ TextBox1 に氏名を入力します。

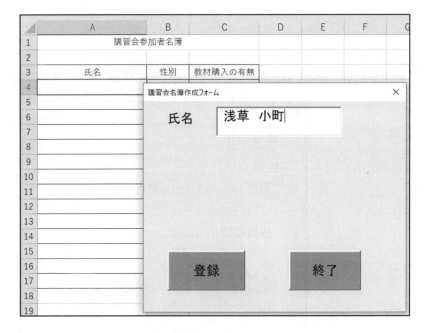

④ [登録]ボタンをクリックすると、セル A4 に氏名が登録され、セル A5 にアクティブ
　セルが移動します。TextBox1 が空白になるので次のデータを入力します。そして、
　何回か繰り返してデータを入力すると下の図のように氏名が登録されます。

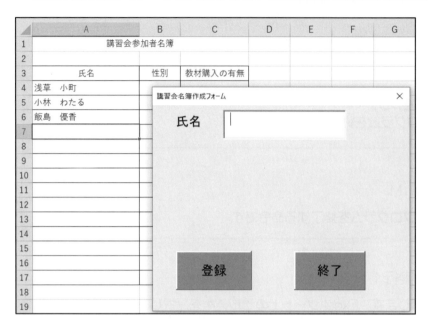

⑤ データが登録できることを確認したら[終了]ボタンをクリックし、プログラムを終了
　します。

例題11-2

　　例題 11-1 で作成したプログラムに、次の図のような性別と教材希望の有無の機能
を追加しましょう。

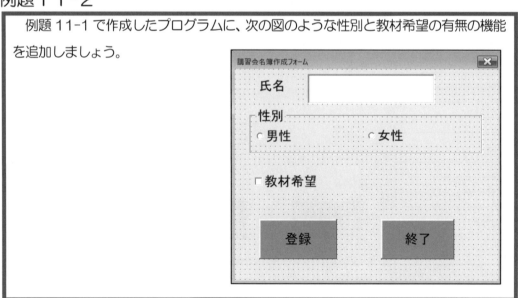

7. 画面の作成2

（1）フレームの作成

① ［ツールボックス]の[フレーム]を選択してフォーム上にドラッグします。

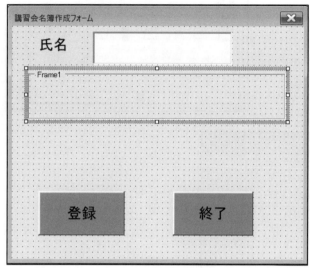

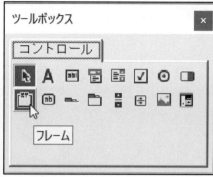

（2）オプションボタンの作成

① ［ツールボックス]の[オプションボタン]を選択して、フレームの中にドラッグします。
② ①の横にもう1つ作成します。

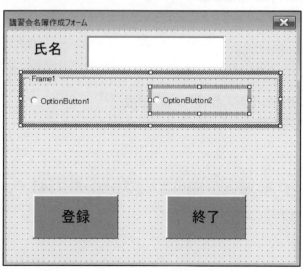

（3）チェックボックスの作成

① ［ツールボックス］の[チェックボックス]を
選択して、フォーム上に配置します。

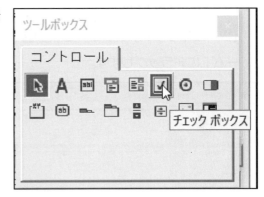

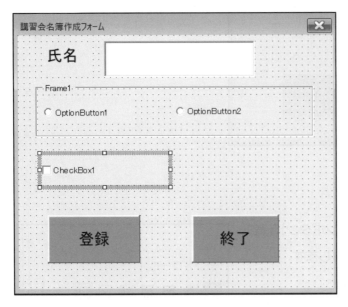

大切なコントロール

Frame・・・枠をつける
OptionButton・・・オプションボタン(ラジオボタン)の作成
CheckBox・・・チェックボックスの作成

注意：オプションボタンとチェックボックスの使い方の違いは、オプションボタンは１つ
のみ選択で、チェックボックスは複数選択可の場合に使います。

8. プロパティの変更2

① フォーム上の[Frame1]を選択し、[プロパティウィンドウ]で(オブジェクト名)が「Frame1」であることを確認して、[Caption]プロパティで[Frame1]を「性別」に変更します。

② フォーム上の[OptionButton1]を選択し、[プロパティウィンドウ]で(オブジェクト名)が「OptionButton1」であることを確認して、[Caption]プロパティで[OptionButton1]を「男性」に変更します。

③ OptionButton2 も同様にして「女性」に変更します。

④ フォーム上の[CheckBox1]を選択し、[プロパティウィンドウ]で(オブジェクト名)が「CheckBox1」であることを確認して、[Caption]プロパティで[CheckBox1]を「教材希望」に変更します。

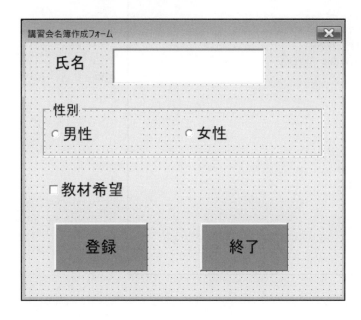

9. プログラムの作成３

（1）プログラムの作成

① [UserForm]上の[登録]ボタンをダブルクリックして、網掛けの部分のプログラムを追加します。

```
Private Sub CommandButton1_Click()
'TextBox1 を Excel シートに表示
    Selection.Value = TextBox1.Text
'オプションボタンの情報を Excel シートに表示
    If OptionButton1.Value = True Then
        Selection.Offset(0, 1).Value = "男性"
    End If
    If OptionButton2.Value = True Then
        Selection.Offset(0, 1).Value = "女性"
    End If
'チェックボックスの情報を Excel シートに表示
    If CheckBox1.Value = True Then
        Selection.Offset(0, 2).Value = "有"
    End If
'次のステップを選択
    Selection.Offset(1, 0).Select
'画面をクリアします
    TextBox1.Text = ""
    OptionButton1.Value = False
    OptionButton2.Value = False
    CheckBox1.Value = False
'カーソルを TextBox1 へ移動
    TextBox1.SetFocus
End Sub
```

（2）プログラムの考え方

① OptionButton1.Value = True

　　オプションボタンやチェックボックスのチェックが入ったか否かの情報は Value プロパティに入ります。Value プロパティが True ならチェックが入ったことになり、False ならチェックが入っていないことになります。

> 大切なプロパティ
>
> 　　オブジェクト.Value・・・チェックの有無。

② TextBox1.SetFocus

　SetFocus とはカーソルを移動する命令です。「TextBox1 へカーソルを移動してください」という意味です。

> **構文**
>
> 　　オブジェクト.SetFocus
>
> 　　意味・・・オブジェクトのところへカーソルを移動する。

１０．プログラムの実行２

① Excel シート上のセル A4 を選択しておいて[実行]ボタンをクリックします。

② 氏名、性別、教材希望の有無を選択して、[登録]ボタンを選択します。

③ Excel のシートにデータが登録され、Excel のアクティブセルが下の行に移動して、フォーム上では入力情報がクリアされ、カーソルが TextBox1 へ移動していることを確認します。

④ 数件分のデータの登録が確認できたら、[終了]ボタンをクリックしてプログラムを終了します。

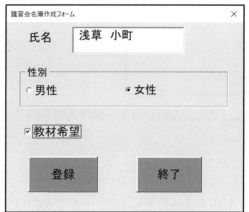

例題１１-３

　既に入力済みのデータの次の行から新しいデータが入力できるようにプログラムを修正しましょう。

11．プログラムの作成4
（1）プログラムの作成

① ［UserForm］上の［登録］ボタンをダブルクリックして、網掛けの部分のプログラムを
　追加します。

```
Private Sub CommandButton1_Click()
'変数の型宣言
    Dim r As Integer　'最終行の取得

    If Range("A4") = "" Then '初めてのデータの場合
        Range("A4").Select
    Else                          '2つ目以降のデータの場合
        r = Range("A3").End(xlDown).Row
        Cells(r + 1, 1).Select

        'TextBox1 を Excel シートに表示
        …………省略…………

        'チェックボックスの情報を Excel シートに表示
        If CheckBox1.Value = True Then
            Selection.Offset(0, 2).Value = "有"
        End If
    End If

'次のステップを選択
    …………省略…………

End Sub
```

　　実行すると、前回に入力されたデータがあれば、その次の行からデータが入力されるよ
うになります。

（2）プログラムの意味

　　「r = Range("A3").End(xlDown).Row」は、セル A3 より下に連続データがあればそ
の連続データの最終行を r に代入します。しかし、連続データがない（初めてのデータ）場
合は、ワークシートの最下端に行ってしまいます。

> **構文**
> 　　Range(セル番地). End(xlDown).Row
> 　　意味・・・対象セル番地から下の連続データの最終行番号を取得する。

解 答

練習問題 5-1

ア Single

イ Range("C4").Value

ウ Range("C6").Value

エ Shin * Shin * 22

オ Tai / Shin / Shin

カ Hyou

キ Him

練習問題6-1

ア Selection.Offset(2, 2)

イ Selection.Offset(4, 2)

ウ Selection.Offset(8, 2)

エ Selection.Offset(10, 2)

練習問題 7-1

ア Integer

イ String

ウ Hi + Se

エ Goukei > 150 Then

オ Else

カ Range("D3").Value

キ Range("E3").Value

ク Hi >= 70 And Se >= 70 Then

ケ Range("F3").Valu

練習問題 7-2

ア High >= 140 Or Low >= 90 Then

イ ElseIf High >= 130 Or Low >= 85 Then

ウ ElseIf High >= 120 Or Low >= 80 Then

エ Else

練習問題 7-3

```
Sub 練習問題73()
'変数の型宣言
    Dim Ten As Integer
    Dim Eva As String
'代入
    Ten = Range("B4").Value
'評価
    If Ten >= 90 Then
        Eva = "S"
    ElseIf Ten >= 80 Then
        Eva = "A"
    ElseIf Ten >= 70 Then
        Eva = "B"
    ElseIf Ten >= 60 Then
        Eva = "C"
    Else
        Eva = "D"
    End If
'表示
    Range("B6").Value = Eva
End Sub
```

練習問題 7-4

ア Bmi < -18.5 Then

イ ElseIf Bmi < 25 Then

ウ Else

練習問題 7-5

```
Sub 練習問題 75()
'変数の型宣言
    Dim Abt As Integer
    Dim Tes As Integer
    Dim Eva As String
'代入
    Abt = Range("B2").Value
    Tes = Range("C2").Value
'評価
    If Abt >= 5 Then
        Eva = "D"
    Else
        If Tes >= 80 Then
            Eva = "A"
        ElseIf Tes >= 60 Then
            Eva = "B"
        Else
            Eva = "C"
        End If
    End If
'表示
    Range("D2").Value = Eva
End Sub
```

練習問題 7-6

ア Kubun

イ 1

ウ Kingaku < 20000 Then

エ ElseIf Kingaku < 40000 Then

オ Else

カ 2

練習問題 7-7

```
ア    Case 1, 10
          Opt = "大吉"
      Case 2 To 6
          Opt = "中吉"
      Case 7, 9, 15
          Opt = "吉"
      Case Else
          Opt = "末吉"
```

練習問題 8-1

(1)

ア IsEmpty(Selection.Value) = False

イ Selection.Offset(0, 3).Value

ウ Selection.Offset(1, 0)

(2)

```
Sub 練習問題 812()
'変数の型宣言
    Dim Hisu As Integer
    Dim Sen As Integer
    Dim Kei As Integer
'合計
    Range("A5").Select
    Do Until IsEmpty(Selection.Value) = True
        '代入
        Hisu = Selection.Offset(0, 1).Value
        Sen = Selection.Offset(0, 2).Value
```

```
    '計算
    Kei = Hisu + Sen
    '表示
    Selection.Offset(0, 3).Value = Kei
    '次のステップへ
    Selection.Offset(1, 0).Select
  Loop
End Sub
```

(3)
ア　IsEmpty(Selection.Value) = False
イ　Kei >= 160 Then
ウ　ElseIf Kei >= 140 Then
エ　Else
オ　Selection.Offset(1, 0)

練習問題 8-2
(1)
ア　1 To 100
(2)
ア　2 To 100 Step 2
(3)
ア　1 To 100 Step 2

練習問題 8-3
ア　1 To 5
イ　0
ウ　Selection.Value
エ　1 To 4
オ　Nedan * Goukei
カ　Soukei + Kingaku

練習問題 9-1
ア
```
  For i = 1 To 19
      If TTime(i) < MinTT Then
          MinTT = TTime(i)
          MinNo = No(i)
      End If
  Next i
```

練習問題 10-1
ア　Abt, Tes, Eva
イ　(ab As Integer, t As Integer, ev As String)
ウ
```
  If ab < 5 Then
      If t >= 80 Then
          ev = "A"
      ElseIf t >= 60 Then
          ev = "B"
      Else
          ev = "C"
      End If
  Else
      ev = "D"
  End If
```

練習問題 10-2
ア　Shin, Tai, Hyou, Bmi
イ　Bmi, Eva
ウ　(s As Single, t As Single, h As Single, b As Single)

エ

```
h = s * s * 22

b = t / s / s
```

オ　(h As Single, a As String)

カ

```
If h < -18.5 Then

  a = "痩せすぎです。"

ElseIf h < 25 Then

  a = "標準です。今の体重を保ちましょう。"

Else

  a = "肥満です。直ちに改善を！！"

End If
```

練習問題 10-3

ア　(Shin, 22)

イ　(1 / Shin, Tai)

ウ　(Bmi)

エ　(a As Single, b As Single) As Single

オ　Keisan = a * a * b

カ　(b As Single) As String

キ

```
If b < -18.5 Then

  Hyouka = "痩せすぎです。"

ElseIf b < 25 Then

  Hyouka = "標準です。今の体重を保ちましょう。"

Else

  Hyouka = "肥満です。直ちに改善を！！"

End If
```

練習問題 10-4

ア　TTime, No, 20, MaxTT, MaxNo

イ　(j() As Integer, n() As String, s As Integer, mj As Integer, mn As String)

ウ

```
'変数の型宣言

  Dim i As Integer

  mj = j(0)

  mn = n(0)

  For i = 1 To s - 1

    If j(i) > mj Then

      mj = j(i)

      mn = n(i)

    End If

  Next i
```

参考文献

・厚生労働省　生活習慣病予防のための健康情報サイト
　https://www.e-healthnet.mhlw.go.jp/information/dictionaries/metabolic
・日本肥満学会．肥満症診療ガイドライン2016．ライフサイエンス出版．2016
・日本予防医学協会　健康診断結果の見方
　https://www.jpm1960.org/exam/exam01/exam02.html

索 引

著者略歴

五月女 仁子（そうとめ ひろこ）

筑波大学大学院修士課程理工学研究科修了、早稲田大学大学院博士後期課程理工学研究科単位取得退学．神奈川大学経済学部特任准教授、特任教授、日本女子体育大学体育学部教授を経て、現在、帝京大学経済学部経営学科教授．

著書：『秘伝の C』（単著）、『コンピュータの教科書』（単著）

2020 年 3 月 26 日　　　　　　　　　　初版　第 1 刷発行

Excel VBA
プログラミングを基礎から
学習するための本

著　者　五月女仁子　©2020
発行者　橋本豪夫
発行所　ムイスリ出版株式会社

〒169-0073
東京都新宿区百人町 1-12-18
Tel.03-3362-9241(代表)　Fax.03-3362-9145
振替　00110-2-102907

カット：MASH　　　　　　　ISBN978-4-89641-295-6　C3055